中等职业教育课程改革国

经全国中等职业教育教材审定

U0683019

哲学

Philosophy and Life

与人生

杨 耕/编 著

（第3版）

2022年修订

zjfs.bnup.com | www.bnupg.com

北京师范大学出版集团
BEIJING NORMAL UNIVERSITY PUBLISHING GROUP

北京师范大学出版社

京师职教
JingShi Vocational Education

图书在版编目（CIP）数据

哲学与人生：彩色版/杨耕编著．－3版．－北京：北京师范大学出版社，2022.8（2024.1重印）

中等职业教育课程改革国家规划新教材

ISBN 978－7－303－22045－8

Ⅰ．①哲… Ⅱ．①杨… Ⅲ．①人生哲学－中等专业学校－教材 Ⅳ．①B821

中国版本图书馆 CIP 数据核字（2017）第 024806 号

教 材 意 见 反 馈　　gaozhifk@bunpg.com　010-58805079
营 销 中 心 电 话　　010-58802755　58800035
编 辑 部 电 话　　010-58802883

ZHEXUE YU RENSHENG

出版发行：北京师范大学出版社　www.bnupg.com
　　　　　北京市西城区新街口外大街 12-3 号
　　　　　邮政编码：100088
印　　　刷：鸿博睿特（天津）印刷科技有限公司
经　　　销：全国新华书店
开　　　本：787 mm×1092 mm　1/16
印　　　张：11
字　　　数：138 千字
版　　　次：2022 年 8 月第 3 版
印　　　次：2024 年 1 月第 47 次印刷
定　　　价：23.60 元

策划编辑：项目统筹　　　　　责任编辑：王　强　王　宁　李春生
美术编辑：高　霞　　　　　　装帧设计：高　霞
责任校对：陈　民　　　　　　责任印制：陈　涛

作者简介

    杨耕，1982 年毕业于安徽大学，获哲学学士学位；1991 年毕业于中国人民大学，先后获哲学硕士、哲学博士学位。现为北京师范大学哲学学院教授、博士生导师。教育部长江学者特聘教授。国务院学科评议组（哲学）组长、教育部社会科学委员会学部委员、教育部高等学校马克思主义理论类专业教学指导委员会主任委员、中央马克思主义理论研究和建设工程首席专家。先后在《人民日报》《光明日报》《中国社会科学》《哲学研究》等报刊上发表论文 200 余篇；先后出版学术著作 15 部，代表作为：《为马克思辩护：对马克思哲学的一种新解读》《危机中的重建：唯物主义历史观的现代阐释》《重建中的反思：重新理解历史唯物主义》；先后主持编写教材 12 部，代表作为：《马克思主义哲学原理》《辩证唯物主义原理》《马克思主义哲学文本导读》；先后获国家级教学成果奖、中国出版政府奖（图书奖）等国家级奖 6 项。

中等职业教育课程改革国家规划新教材
出版说明

为贯彻《国务院关于大力发展职业教育的决定》（国发〔2005〕35号）精神，落实《教育部关于进一步深化中等职业教育教学改革的若干意见》（教职成〔2008〕8号）关于"加强中等职业教育教材建设，保证教学资源基本质量"的要求，确保新一轮中等职业教育教学改革顺利进行，全面提高教育教学质量，保证高质量教材进课堂，教育部对中等职业学校德育课、文化基础课等必修课程和部分大类专业基础课教材进行了统一规划并组织编写，从2009年秋季学期起，国家规划新教材将陆续提供给全国中等职业学校选用。

国家规划新教材是根据教育部最新发布的德育课程、文化基础课程和部分大类专业基础课程的教学大纲编写，并经全国中等职业教育教材审定委员会审定通过的。新教材紧紧围绕中等职业教育的培养目标，遵循职业教育教学规律，从满足经济社会发展对高素质劳动者和技能型人才的需要出发，在课程结构、教学内容、教学方法等方面进行了新的探索与改革创新，对于提高新时期中等职业学校学生的思想道德水平、科学文化素养和职业能力，促进中等职业教育深化教学改革，提高教育教学质量将起到积极的推动作用。

希望各地、各中等职业学校积极推广和选用国家规划新教材，并在使用过程中，注意总结经验，及时提出修改意见和建议，使之不断完善和提高。

教育部职业教育与成人教育司

摆在同学们面前的这本《哲学与人生》，既是中等职业学校德育课教材，也是专门为中职学生编写的哲学教材。初看起来，哲学与人生似乎没有关联：一个是"玄学"，挂在"天上"；一个是生活，就在人间。但实际上，哲学并不神秘，离人的生活并不遥远，也并不是"玄学"，它就在我们的现实生活中。

人们当然不是按照哲学生活的，但生活中确实有哲学，生与死、福与祸、理与欲、成与败、荣与辱、善与恶……问题就在于，哲学的视野不同于科学的视野，这就是哲学独有的眼界。正是这种眼界，使我们能够从个别中看到一般，从对立中看到统一，从肯定中看到否定……懂得乐极可能生悲，好事可能变成坏事，胜利可能导致失败，如此等等。哲学总是以一种反思的精神、批判的态度和超越的情怀理解生活、把握人生。哲学需要生活，需要从生活中提炼问题；生活需要哲学，需要用哲学独有的眼界看问题。

哲学的眼界体现为一种世界观。在生活中，我们每一个人都有自己的世界观，只是很少有人会刻意去想世界观以及人生观、价值观这样一类问题。我们每个人在处理每件事情时，都包含着支配自己行为的某种具体的"观"，如利益观、道德观、恋爱观、婚姻观、幸福观……这种种"观"的背后，就是人生观、价值观的问题。一个人怎样想，实际上是他如何思维；怎样做，实际上是他对自己行为的价值选择。当人们做出这种或那种选择时，甚至连自己都没有觉察到那潜伏在心灵底层的人生观、价值观在起作用，而人生观和价值观又是受世界观支配的。哲学就是理论化、系统化的世界观。其特点在于，它在总体上关注并探讨人与世界的关系，关注并探讨人的生存方式和发展规律、人生的价值和意义。所以，我们既要学好专业，成为某一领域的专业人才；又要学好哲学，提升人生境界。

哲学与人生观密切相关，与解答人生之谜密切相关。人生观是个哲学问题，而不是科学问题，数学、物理学、化学、医学、生物学、考古学等都不可能解答人生之谜。再好的望远镜也看不到人生之谜，倍数再高的显微镜也看不透人生之谜，亿万次计算机也算不出人生之谜……实际上，对人生之谜的不同理解必然包含着对人与自然、人与社会关系的不同理解。这就是说，人生观并非仅仅是一个如何对待人生的态度问题，更重要的，它是一个如何理解和把握人与自然的关系、人与社会的关系，即人与世界关系的问题。在这个意义上，人生观就是世界观，世界观就是人生观。

哲学既是世界观，又是人生观。哲学问题总是关于"人生在世"的大问题，探索天、地、人的人与自然关系之思，反思你、我、他的人与社会关系之析，追求真、善、美的人与生活关系之辨，熔铸着对人类生存方式的关注，对人类发展境遇的焦虑，对人类现实命运的关切，凝结为对"人生在世"的深层理解与把握。一句话，哲学构成了人的"安身立命"和"安心立世"之本，是人生的"最高支撑点"。

今天，中国特色社会主义进入新时代。新时代意味着近代以来久经磨难的中华民族迎来了从站起来、富起来到强起来的伟大飞跃，迎来了实现中华民族伟大复兴的光明前景，意味着科学社会主义在21世纪的中国焕发出强大生机活力，意味着中国特色社会主义道路、理论、制度、文化不断发展，为解决人类问题贡献中国智慧和中国方案。生活在这样一个新时代，我们任重而道远，同时，需要学习哲学，掌握辩证唯物主义和历史唯物主义科学方法，运用哲学智慧去认识这个新时代，从而在实现中国梦的生动实践中放飞青春梦想，在为人民利益而不懈奋斗中书写人生华章。习近平总书记指出："哲学是人类的智慧之学。"学好哲学，我们会终生受益。

目 录
Contents

第一单元 ▪

坚持从客观实际出发
脚踏实地走好人生路

第1课　客观实际与人生选择 ⅢⅢⅢⅢⅢⅢⅢⅢⅢⅢⅢⅢⅢⅢⅢⅢⅢⅢⅢ 2
　　　　一切从实际出发 ⅢⅢⅢⅢⅢⅢⅢⅢⅢⅢⅢⅢⅢⅢⅢⅢ 3
　　　　正确选择人生道路 ⅢⅢⅢⅢⅢⅢⅢⅢⅢⅢⅢⅢⅢⅢ 7

第2课　物质运动与人生行动 ⅢⅢⅢⅢⅢⅢⅢⅢⅢⅢⅢⅢⅢⅢⅢ 13
　　　　运动是物质的存在方式 ⅢⅢⅢⅢⅢⅢⅢⅢⅢⅢⅢⅢ 14
　　　　行动必须遵循规律 ⅢⅢⅢⅢⅢⅢⅢⅢⅢⅢⅢⅢⅢⅢ 18

第3课　自觉能动与自强不息 ⅢⅢⅢⅢⅢⅢⅢⅢⅢⅢⅢⅢⅢⅢⅢ 25
　　　　正确发挥自觉能动性 ⅢⅢⅢⅢⅢⅢⅢⅢⅢⅢⅢⅢⅢ 26
　　　　自强不息与成功人生 ⅢⅢⅢⅢⅢⅢⅢⅢⅢⅢⅢⅢⅢ 31

第二单元 ▪

用辩证的观点看问题
树立积极的人生态度

第4课　普遍联系与人际和谐 ⅢⅢⅢⅢⅢⅢⅢⅢⅢⅢⅢⅢⅢⅢⅢ 38
　　　　一切都处在普遍联系之中 ⅢⅢⅢⅢⅢⅢⅢⅢⅢⅢ 39
　　　　营造和谐的人际关系 ⅢⅢⅢⅢⅢⅢⅢⅢⅢⅢⅢⅢⅢ 43

第5课　变化发展与顺境逆境 ⅢⅢⅢⅢⅢⅢⅢⅢⅢⅢⅢⅢⅢⅢⅢ 50
　　　　发展的永恒性及其实质 ⅢⅢⅢⅢⅢⅢⅢⅢⅢⅢⅢ 51
　　　　顺境与逆境是人生发展中的两种境遇 ⅢⅢⅢⅢⅢ 55

第6课　矛盾运动与人生发展 ⅢⅢⅢⅢⅢⅢⅢⅢⅢⅢⅢⅢⅢⅢⅢ 61
　　　　矛盾是事物发展的动力 ⅢⅢⅢⅢⅢⅢⅢⅢⅢⅢⅢ 62
　　　　矛盾是人生发展的动力 ⅢⅢⅢⅢⅢⅢⅢⅢⅢⅢⅢ 66

第三单元

坚持实践与认识的统一
提高人生发展的能力

第 7 课　知行统一与体验成功 73
　　　　在实践中寻求真知 74
　　　　在实践中快乐成长 80

第 8 课　现象本质与明辨是非 85
　　　　把握事物的本质 86
　　　　提高辨别是非的能力 89

第 9 课　科学思维与创新能力 93
　　　　培养科学的思维方法 94
　　　　提高创新能力 97

第四单元

顺应社会发展规律
确立崇高人生理想

第 10 课　历史规律与人生目标 104
　　　　历史规律的特点 105
　　　　把握历史规律与确定人生目标 108

第 11 课　个人理想与社会理想 113
　　　　个人理想与社会理想的关系 114
　　　　在推动社会发展的过程中实现个人理想 117

第 12 课　理想信念与意志责任 123
　　　　实现理想需要坚强的意志品质 124
　　　　追求理想需要履行社会责任 127

在社会中发展自我
创造人生价值

第 13 课　人的本质与利己利他 ⁃⁃⁃⁃⁃⁃⁃⁃⁃⁃⁃⁃⁃⁃⁃⁃⁃⁃⁃⁃⁃⁃⁃⁃⁃⁃⁃ 134

　　　　　人是社会存在物 ⁃⁃⁃⁃⁃⁃⁃⁃⁃⁃⁃⁃⁃⁃⁃⁃⁃⁃⁃⁃⁃⁃⁃⁃⁃⁃⁃⁃⁃⁃⁃⁃⁃ 135

　　　　　正确处理个人与集体的关系 ⁃⁃⁃⁃⁃⁃⁃⁃⁃⁃⁃⁃⁃⁃⁃⁃⁃ 138

第 14 课　人的价值与劳动奉献 ⁃⁃⁃⁃⁃⁃⁃⁃⁃⁃⁃⁃⁃⁃⁃⁃⁃⁃⁃⁃⁃⁃⁃⁃⁃⁃⁃ 143

　　　　　个人的自我价值与社会价值 ⁃⁃⁃⁃⁃⁃⁃⁃⁃⁃⁃⁃⁃⁃⁃⁃⁃ 144

　　　　　劳动奉献与人生价值 ⁃⁃⁃⁃⁃⁃⁃⁃⁃⁃⁃⁃⁃⁃⁃⁃⁃⁃⁃⁃⁃⁃⁃⁃⁃⁃ 147

第 15 课　人的自由与全面发展 ⁃⁃⁃⁃⁃⁃⁃⁃⁃⁃⁃⁃⁃⁃⁃⁃⁃⁃⁃⁃⁃⁃⁃⁃⁃⁃⁃ 152

　　　　　人的自由 ⁃⁃⁃⁃⁃⁃⁃⁃⁃⁃⁃⁃⁃⁃⁃⁃⁃⁃⁃⁃⁃⁃⁃⁃⁃⁃⁃⁃⁃⁃⁃⁃⁃⁃⁃⁃⁃⁃ 153

　　　　　促进人的全面发展 ⁃⁃⁃⁃⁃⁃⁃⁃⁃⁃⁃⁃⁃⁃⁃⁃⁃⁃⁃⁃⁃⁃⁃⁃⁃⁃⁃⁃ 156

后　记 ⁃⁃ 162

第一单元

坚持从客观实际出发
脚踏实地走好人生路

　　世界上的事物千差万别、千变万化，每个人的人生道路也各不相同、多姿多彩。面对千差万别、千变万化、无边无际的无限世界，面对有生有死、有爱有恨、有得有失的有限人生，人们总是想探索世界奥秘，解答人生之谜，总是试图超越"哀吾生之须臾，羡长江之无穷"的困惑与迷惘，追求理想的人生。

　　世界是多样的，多样的世界统一于物质性，其运动、变化、发展又存在着不以人的意志为转移的客观规律。因此，在现实生活中，我们想问题、办事情、选择自己的人生道路，一定要从客观实际出发。一切从实际出发，既要善于分析客观实际，实事求是，又要自觉发挥主观能动性，勇于实践，从而创造和享受成功的人生！

第 1 课
客观实际与人生选择

世界上的事物千差万别、多姿多彩，彼此各不相同。我们就生活在这样一个既有多样性，又有统一性的世界中。现实世界构成了人生选择的客观实际，它既影响和制约着人生选择，又为人生发展提供了多种可能性。所以，我们必须从实际出发，才能选择适合自己发展的人生道路。

他山之石

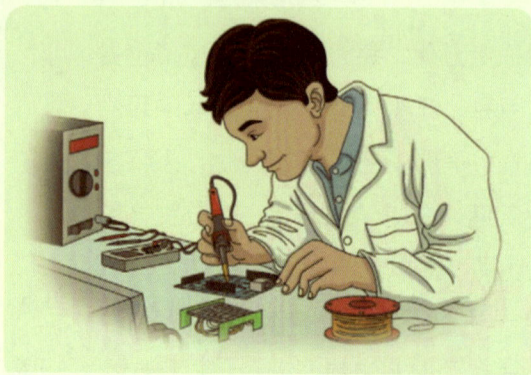

高锋出生在西部山区一个偏僻的村子。初中毕业时，高锋特别希望自己能够考上高中、大学。可事与愿违，他第一次中考失利，未能进入理想的高中；复读一年后再次参加中考，成绩更差。在万分沮丧的时候，高锋看到了一所中等职业学校的招生信息。他放弃了原来的梦想，选择了该校的电子电器应用与维修专业。高锋在专业技能学习方面得心应手，多次在相关部门组织的电子电器应用与维修职业技能大赛中获奖。毕业时，高锋凭借自己吃苦耐劳、忠厚老实的品性和娴熟、扎实的专业技能，被广东一家合资电子企业聘用，并迅速成长为该企业的业务骨干。高锋根据自己的实际选择了中等职业学校，成就了自己的事业。

每个人都需要根据客观实际来选择自己的人生道路。高锋的经历对你有哪些启示？

✳ 一切从实际出发

　　毛泽东同志 1930 年在寻乌县调查时，直接与各界群众开调查会，掌握了大量第一手材料，诸如该县各类物产的产量、价格，县城各业人员数量、比例，各商铺经营品种、收入，各地农民分了多少土地、收入怎样，各类人群的政治态度，等等，都弄得一清二楚。这种深入、唯实的作风值得我们学习。

　　习近平总书记的这段话对你有哪些启示？

🔬 世界的物质统一性

　　世界上的事物千差万别，但它们又有着共同的属性，即物质性。世界统一于物质。物质是标志客观实在的哲学范畴，是对一切可以直接或间接通过感觉感知的事物共同的、本质属性的抽象。具体地说，物质的具体形态和具体结构是可变的、多样的，但物质无论具有什么样的具体形态、什么样的具体结构，都具有客观实在性，这是不变的、统一的。物质的本质属性和根本特征就是客观实在性。世界的统一性就在于物质性。

　　第一，自然界是物质的。自然界的万事万物都是物质的具体形态。无限多样的自然物质都具有客观实在性。现代科学表明，自然界是由化学元素构成的，天上的化学元素与地上的化学元素没有什么区别，构成生物体的化学元素与构成非生物体的化学元素也没有本质不同。自然界中的各种化学元素本身不具有生命现象，但各种化学元素组成化合物，化合物有序地结合在一起，就能构成生物体，表现出生命现象。生命是自然界长期发展的结果，人类是生物演化发展到一定阶段的产物。作为"万物之灵"的人，是物质世界发展的最高产物。

名人名言

物质是标志客观实在的哲学范畴，这种客观实在是人通过感觉感知的，它不依赖于我们的感觉而存在，为我们的感觉所复写、摄影、反映。

——列宁

点击链接

"嫦娥一号"探月

2007年10月24日，"嫦娥一号"卫星带着中华民族的期待和"嫦娥奔月"的古老传说，从西昌起步，奔向距地球大约384000千米的遥远月球，开始了中国深空探测的首航。根据"嫦娥一号"探测的数据，科学家们初步摸清了月球上多种化学元素的分布。从化学元素的种类来看，月球上的与地球上的相同，但各种元素的含量却有很大的差异。

第二，人类社会的基础是物质生产。人类生存的"第一个历史活动"，就是进行物质生产，创造自己的物质生活，以解决吃、喝、住、穿这样一些生存的基本问题。物质生活的生产方式构成了人类社会存在和发展的基础，这集中体现了人类社会的物质性。人类社会的发展离不开人有意识、有目的的活动，但社会的发展并不是由人的意识决定的，而是由不以人的意识、意志为转移的历史规律决定的。物质生产的内在矛盾，即生产力与生产关系的矛盾运动，从根本上决定着社会发展的方向和趋势。

第三，人类意识归根结底是对物质世界的反映。从起源上看，意识起源于一切物质都具有的反应特性，并经由低级生物的刺激感应性、高级动物的感觉和心理逐步形成。随着人和人类社会的产生，人的意识也就产生了。从内容上看，意识是物质世界在人脑中的主观反映，其内容来自客观事物和现实生活。没有客观存在的事物，没有现实生活过程，就不会有对客观事物和现实生活的意识。鲁迅说得好："天才们无论怎样说大话，归根结底，还是不能凭空创造。描神画鬼，毫无对证，本可以专靠了神思，所谓'天马行空'似的挥写了，然而他们写出来的，也不过是三只眼，长颈子，就是在常见的人体上，增加了眼睛一只，增长了颈子二三尺而已。"人的意识不管主观色彩多么浓厚，不管披上什么样的神秘外衣，都脱离不开自己的客观"原型"。

从实际出发是正确选择人生道路的前提

世界的统一性就在于物质性，意识是对客观存在的反映。这就要求我们想问题、办事情、选择自己的人生道路要从实际出发，实事求是。一切从实际出发，实事求是，是从世界物质统一性原理中得出的最重要的结论。一切从实际出发，实事求是，就是要把客观存在作为出发点，正确处理主观与客观的关系，使主观符合客观。只有从实际出发，分析、认识和把握客观事物及其发展规律，使主观意识不断适应变化着的客观实际，才能做到主观符合客观，从而正确选择自己的人生道路。

什么是"实际"？"实际"与"物质"这两个范畴既密切相关又有所区别。"物质"是指独立于人类"意识"之外的"客观实在"；"实际"则是指被纳入人的活动范围的物质，既包括人的意识之外的客观实在，也包括人自身的存在状况。因此，要把握"实际"这种复杂的存在，真正做到一切从实际出发，实事求是，就要善于把握现象与本质、形式与内容、主流与支流、偶然与必然的辩证关系。

一是透过现象看本质，把握事物的本质。事物都是现象与本质的统一。本质是决定事物各种表现的根据，是事物内在的方面；现象是本质的表现形式，是通过经验可以认识到的事物的外部特性，是事物外在的方面。事物的本质与现象总是结合在一起的，既不存在不表现为现象的赤裸裸的本质，也不存在无本质的赤裸裸的现象。本质与现象的真实关系，要求我们必须从现象入手去认识本质，运用理性思维从现象中寻找本质，从表面的实际寻找深层的实际，如此才能真正做到一切从实际出发，实事求是。

名 人 名 言

"实事"就是客观存在着的一切事物，"是"就是客观事物的内部联系，即规律性，"求"就是我们去研究。我们要从国内外、省内外、县内外、区内外的实际情况出发，从其中引出其固有的而不是臆造的规律性，即找出周围事变的内部联系，作为我们行动的向导。

——毛泽东

二是分清实际中的形式与内容，把握事物的内容。现实中的事物都是形式与内容的统一体。内容是构成事物各种要素的总和，形式是把内容诸要素结合起来的方式。在形式与内容的关系中，首先是内容决定形式，形式依赖于内容，内容的发展决定形式或迟或早发生变化。其次是形式反作用于内容，适合于内容的形式，对内容的发展起着积极的推动、促进作用；不适合于内容的形式，则对内容的发展起着消极的阻碍、破坏作用。因此，要真正做到一切从实际出发，实事求是，就必须要着眼于事物的内容，依据事物的内容及其发展而不断地改造形式，使形式适合于内容。

三是分清实际中的主流与支流，把握事物的主流。"实际"是在运动过程中存在的。这个运动过程中，有主流，有支流；有占主导地位的方面，有占次要地位的方面。我们判断事物，要区分主流与支流；我们看人，要分辨主流与支流。既不能抓住支流而不见主流，也不能只见主流而忽视支流，尤其不能把主流当支流，或者反过来把支流当主流。为了科学而合理地设计自己的人生道路，就要认识实际中的主流与支流，把握事物发展过程中的主要矛盾与次要矛盾，抓住实际的主要矛盾。

四是分清实际中的偶然与必然，把握事物的必然。必然是由事物自身的本质或根据决定的，是在事物的运动过程中所具有的确定性联系；偶然则是事物运动过程中的非确定性联系。"实际"中的任何事物、任何过程都是偶然性与必然性的统一。没有脱离偶然性的必然性，必然性要通过偶然性表现出来；没有脱离必然性的偶然性，被视为偶然性的东西背后总是隐藏着必然性。在现实生活中，我们所面对的总是大量的"突如其来"的偶然现象，使人感到"乱花渐欲迷人眼"、"一头雾水"，而往往忽视了其中的必然性。因此，我们应当正确把握偶然性与必然性的关系，由偶然性深入必然性，从而正确地选择和设计自己的人生道路。

从一定意义上说，人生道路的选择、人生境界的高低取决于人对实际的理解和把握。不能正确理解和把握人与自然的关系，就不能真正理解人的生命的宝贵和伟大；不能正确理解和把握人与社会的关系，就不能真正理解人生的价值和意义。在现实生活中，我们每个人都面临着自己的实际。一切从实际出发，实事求是，不仅是我们想问题、办事情的基本要求，也是我们正确选择和设计人生道路的基本前提。

✳ 正确选择人生道路

在一所职业学校的一次班会讨论中，有的学生认为，中等职业学校学生有过硬的专业技能，毕业后直接就业会有很好的发展前景；有的学生认为，直接就业是从最基础的工作做起，不如直接创业好；有的学生认为，中等职业学校学生学历低，经验不丰富，难有大作为，还是继续考学更有前途。

请你分别就上述同学的观点谈谈你的看法。

🔅 人生选择的条件性

一切从实际出发，实事求是，是正确选择和设计人生道路的前提。实际既包括客观对象的实际，也包括人自身条件的实际。所谓客观对象的实际，是指存在于人自身之外的，作为个人认识和改造对象的客观事物、客观关系；人自身条件的实际是指个人自身所拥有的条件，如自然禀赋、知识结构等。现实中，我们每个人都生活在不同的环境中，拥有不同的发展机遇；每个人都具有不同的自然禀赋，在体能、智商、性格等方面有着明显差异。因此，每个人都面临着不同的实际。实际构成了个人人生选择的前提，影响和制约着个人的人生选择。

首先，人生选择受对象实际的影响和制约。现实中，人们总是生活在一定的社会关系之中，同时，社会关系又是人们认识和改造的对象。对个人来说，社会关系是既定的、客观的存在，个人无法选择。相反，社会关系影响和制约着我们每个人的人生选择。马克思说得好："我们并不总是能够选择我们自认为适合的职业；我们在社会上的关系，还在我们有能力对它们起决定性影响以前就已经在某种程度上开始确立了。"既定的社会关系预先规定了人们的生活条件，使现实的人得到一定的发展并具有特殊的性质。

其次，人生选择受自身实际的影响和制约。个人的自然禀赋与生物遗传有很大关系，个人无法选择。从某种意义上说，自然禀赋先天地影响和制约了个人的人生选择。同时，后天形成的个人的知识结构、能力水平、心理素质等因素，对个人的人生选择也有着重要的影响。只有当你具备了某种工作所要求的条件时，你才能拥有选择这种工作的资格。你要成为一名航天员，就必须具备航天员所应当具有的自然禀赋、知识结构、心理素质等因素；你要成为一名科学家，就必须具备科学家所应当具有的知识结构、专业素养等因素，如此等等。

人生选择的条件性，意味着个人的人生选择只能根据对象实际和自身实际进行，既不能随心所欲，也不能无所作为。就这一点，马克思给出了正确答案——新一代的历史活动总是决定于在他们以前已经存在、不是由他们创立而是由前一代创立的"生活条件"；新一代的历史活动又能改变这些"生活条件"，并创造新的生活条件，创造新的历史。历史就是追求自己目标的人的活动过程。

个人发展的可能性与现实性

实际影响和制约着个人的人生选择。不同的人往往具有不同的自身实际，面临着不同的对象实际，实际的多样性为个人的发展提供了多种可能性。正因为个人的发展具有多种可能性，才有人生选择的问题，才有如何实现个人发展的问题。

所谓可能性，是指蕴含在事物中的发展趋势，是潜在的、尚未实现的存在；现实性是指一切实际存在着的事物，是事物的当下存在。在事物发展过程中，往往存在着多种可能性，但在一定的条件下，只有一种可能会转变为现实。当这种可能转变为现实之后，在一定时期内，其他种种可能都难以转变为现实。我们每个人的发展也面临一个正确处理可能与现实的关系问题。

各抒己见

在同一所学校、学习同一个专业的同学，毕业后可能到不同的地方，从事不同的工作，创造不同的价值，实现不同的人生目标。同样，同一个人在不同发展阶段，由于条件的改变，会拥有不同的人生理想，实现不同的人生目标。

根据你自身的情况，谈谈你的人生发展可能性有哪些。

人生发展的可能性与现实性是对立统一的。可能不等于现实，现实也不是可能。现实作为当下的存在，标志着事物的现状，着眼于现在；可能作为事物的潜在趋势，标志着事物的发展方向，着眼于未来。因此，可能与现实具有质的区别。就这一点而言，可能与现实是对立的。可能与现实又是统一的：可能包含在现实之中，是潜在的、没有展开的现实；现实是充分展开并已经实现的可能。现实之所以成为现实，首先是可能的，有着先在的并发展成为现实的因素和根据；现实又包含着新的可能，潜蕴着事物的未来发展方向。人的发展就是一个可能与现实相互转化，即在现实中不断产生出可能，可能又不断变为现实的过程。在现实生活中，我们每个人都要在人生发展的多种可能中选择适合自己发展的人生道路。

人生发展的可能性向现实性的转化，需要一定的客观条件和主观条件。当可能向现实转化的客观条件已经具备时，实现这种转化就需要主观努力，需要创造有利于自身发展的条件，如营造良好的人际关系，提高自身的素质和能力等。为此，首先要从客观条件的角度对可能向现实的转化进行分析，看其根据是否充分，条件是否具备；其次要从主观条件的角度对可能向现实的转化进行目的、手段、结果分析，并通过实践活动，使可能转化为现实，从而选择适合自己的人生道路。

选择适合自己的人生道路

面对人的发展的种种可能性，我们每个人都应当从实际出发，选择符合对象实际、适合自身条件的人生道路。

首先，要学会选择。学会选择，需要实事求是地分析自己所面对的社会关系、社会需要等对象实际；需要实事求是地分析自己的兴趣爱好、知识结构、能力素质等自身实际。只有正确认识这些因素对自己人生选择的制约，真正把握这些因素为自己的人生发展所提供的可能性，才能选择适合自己的人生道路。

其次，要善于选择。善于选择，需要扬长避短、量力而行、把握时机。在选择自己的人生道路时，要充分考虑并妥善处理个人想干什么、能干什么和客观条件允许干什么这三者的关系，慎重对待，择善而从。

再次，要正确理解和把握不能与不为的关系。不能与不为，归根结底，是是否按规律办事、是否量力而行的问题。任何一个人，一旦逆规律而动，最终都会失败。不能为而强为，能为而不作为；不应为而为，应为而不为，都是违背规律的。同时，并不是不能之事永远不能做，随着条件的变化，一些在当时被认为是不能之事，后来会变成可能、可为之事，不能是相对的、变化的。在飞行器发明之前，人在天上飞，肯定如"挟太山以超北海"般是不能的；飞行器发明之后，人在天上飞却是可能、可为的。

在选择和设计人生道路时，我们一定要懂得可能与可为、不能与不为的原则，一定要顺规律而动，从而正确选择自己的人生道路。

名 人 名 言

挟太山以超北海，语人曰我不能，是诚不能也；为长者折枝，语人曰我不能，是不为也，非不能也。

——孟子

人生感悟

　　某飞机制造有限公司高级技师胡双钱，从小就喜欢飞机。小时候，为了看飞机，他不惜从家步行两个多小时走到机场附近，躲在跑道边的农田里看飞机起落。他从技工学校毕业后进入飞机制造公司。一进公司，学钣铆工的他就被分配到和专业不对口的机加车间钳工工段。同他一起到飞机制造公司工作的人后来由于种种原因陆陆续续离开了公司，但胡双钱选择了留下。他开始了自己的钳工生涯。核准、画线、锯掉多余的部分，拿起气动钻头依线点导孔，握着锉刀将零件的锐边倒圆、去毛刺、打光……这样的动作，他重复了 30 多年。这么多年来，胡双钱创造了打磨过的零件 100% 合格的惊人纪录。在中国新一代大飞机 C919 的首架样机上，有很多由他亲手打磨出来的"前无古人"的全新零部件。胡双钱匠心筑梦的故事被收入中央电视台播放的《大国工匠》中。

　　胡双钱与你们一样，都是中等职业学校的学生。他的人生道路选择及职业态度对你有哪些启示？

要点提示

世界的物质统一性

一切从实际出发，实事求是

个人发展的可能性与现实性

选择适合自己的人生道路

体验与探究

1． "客观实际是人生选择的前提和基础，影响和制约着个人的人生选择。"
结合这句话，谈谈你对"个人发展的可能性与现实性"的理解。

2．

甲：因为人具有无限发展的可能，所以，我能获得我想要的任何成功。

乙：人的发展受到其所处环境、所拥有资源等外部条件的制约，所以，我对自己的人生发展难以把握。

丙：人具有无限发展的可能，但这种可能能否转化为现实，则要看其所处环境、所拥有资源等外部条件和个人主观努力程度。

结合本课所学内容，谈谈你对甲、乙、丙观点的看法。

3． 如果进入实习阶段，你准备如何选择自己的实习单位呢？根据本课所学的
内容，谈谈你的选择并说明理由。

第 2 课
物质运动与人生行动

　　世界上的事物不仅千差万别，而且千变万化，始终处在运动之中，运动是物质的存在方式。运动是有规律的，规律"不为尧存，不为桀亡"，从根本上决定着人的活动。在人生发展过程中，我们只有认识、把握和运用客观规律，既敢于行动，又善于行动，才能创造成功的人生。

⛰ 他山之石

　　周东红是《大国工匠》里专题介绍的一名宣纸捞纸工，每年经他手捞出的纸超过 30 万张。周东红说："这三十年来，我捞的每一刀纸误差都未超过一两，这就是我的手艺。"

　　周东红的超强技艺是通过勤学苦练、踏实行动获得的。他进纸厂做一名捞纸工之前，是地道的农民。刚进纸厂时，周东红虽辛苦工作，却完不成任务。与他同来的人打了退堂鼓、放弃了，但周东红不仅没有退却，相反，却静下心来拜师学艺、勤学苦练。为了找到捞纸的感觉，周东红常常凌晨两点就起床去捞纸，冬天都把手伸到冰冷刺骨的水里练习，即使长了冻疮也坚持下水捞纸。周东红用行动练就了过硬本领，成就了精彩人生。

　　周东红从对捞纸一无所知到成为知名的捞纸专家，成为全国"五一"劳动奖章获得者，用实际行动成就了自己的人生。他的事迹对你有哪些启示？

❋ 运动是物质的存在方式

世界上的万事万物都处在运动变化之中，地球"日行八万里"，月球"有阴晴圆缺"，生物进化的过程中产生了人类，人类的历史运动创造了文明……在现实生活中，有的事物茁壮成长、欣欣向荣；有的事物日薄西山、走向衰亡……

你还能举出事物运动变化的相关例子吗？

🔬 物质在运动中存在和发展

世界上没有一成不变的事物，每一个事物都处于运动过程中。从宏观世界到微观世界，从无生命的无机界到有生命的有机界，从自然界到人类社会，无一不处在运动过程中。运动是物质的存在方式。

各抒己见

观点一：生活中的任何事物都在运动，不存在没有运动的事物。

观点二：教室里的黑板、讲台、课桌等，只要没有人去移动它，就是静止的，所以，生活中存在没有运动的事物。

生活中是否存在没有运动的事物？请举例。

物质与运动是密切联系、不可分割的。物质是运动着的物质，没有不运动的物质，而且物质只有在运动中才能发出不同的信息，才能作用于人的感觉器官，才能被人们所感觉和认识；运动是物质的运动，没有脱离物质的运动。任何形式的运动都有它的物质载体：分子是热运动的载体，生命有机体是生物运动的载体，人脑是思维运动的载体，等等。离开物质谈运动，或者离开运动谈物质，都是错误的。

运动是普遍的、永恒的、绝对的。同时，物质又有某种稳定的形式，即静止的状态。但是，静止是有条件的、暂时的、相对的。之所以如此，是因为事物即使处于静止状态，其内部也在进行这种或那种运动。这就是说，不存在绝对的静止。

物质在运动中发展。发展的实质，就是新事物的产生，旧事物的消亡。新事物不是"无中生有"，而是在旧事物的"母腹"中孕育的。新事物否定了旧事物中过时的因素，继承了旧事物中的合理因素，增加了旧事物所不能容纳的新的因素，并且有新的结构和功能，能够适应已经变化的环境和条件，因而必然产生；旧事物的结构和功能由于无法适应已经变化了的环境和条件，因而必然消亡。新事物的产生和旧事物的消亡，同样是无法避免、不可抗拒的。自然界在不断运动变化发展，人是自然界长期进化的产物；人类社会也在不断运动变化发展，经历着从低级阶段到高级阶段的演变。

🎇 人是自然界长期进化的产物，也是社会的产物

人不是超自然的存在物，而是自然界长期进化的产物，也是社会的产物。

人是自然界长期进化的产物。从产生前提看，自然界的演化是人和人类社会产生的物质前提。达尔文进化论表明，人是从猿进化而来的。当代科学进一步证明，人和人类社会是从古猿及其联合体演化而来的，古猿的体质结构、群体结构及其生存的自然环境构成了人和人类社会产生的物质前提。就生命形态来说，人的身体本身就是物质的血肉之躯，是由蛋白质和核酸等生物大分子构成的；人的生命活动也要遵循物质运动规律——新陈代谢、遗传变异……人的生与死本身就属于自然规律。

人是能动的自然存在物，劳动构成了人的特殊的生命活动。与动物不同，人不是通过消极地适应自然界而生存的，而是通过劳动能动地改造自然界而生存的。从起源上看，劳动以萌芽的形式存在于高级动物——古猿的活动中。古猿以树枝、石块为工具的活动经过一定的发展，转变为人类祖先的"最初的动物式的本能的劳动形式"；随着这种"动物式的本能的劳动形式"的发展，一种制造工具的活动逐渐经常化、固定化，由此，真正意义上的劳动最终形成。制造工具是人类劳动的标志。当人开始生产自己的生活资料的时候，人就把自己和动物区别开来了。在这个特定的意义上说，劳动创造了人本身。

点击链接

在《自然辩证法》这部名著中，恩格斯首次提出"劳动创造了人本身"这一著名观点。从人类发展史看，直立行走，拥有灵巧的双手，使用相应的语言文字、图像等进行交流，大脑的结构等，都是人在劳动中逐步发展和完善起来的。

人是社会的产物。人和人类社会的产生是同一个过程的两个方面：没有人就没有人类社会，没有人类社会人也不可能生存和发展。劳动作为人们认识和改造自然的活动，从一开始就是在社会中进行的。人与人之间只有结成一定的关系，才能从事改造自然的活动；人与人之间只有实现活动互换，才能实现人与自然之间的物质交换，才能生存和发展。任何个人的活动都离不开社会，人总是生活在社会中，人的本质是社会关系的总和。不同的社会造就了不同的人。

行动成就人生

点击链接

活动与行动、劳动相比，是一个内涵更加宽泛的概念，包括人的有目的的运动，即自觉运动与自发运动。行动是人的具有目的性的活动。劳动属于有目的的活动，是为满足人的生存需要而进行的人与自然之间物质交换的活动。因此，以实现人与自然之间的物质交换为目的的行动就是劳动；为实现某种目的的活动就是行动。

运动是物质的存在方式，劳动是人的特殊的生命活动，因而构成了人的存在方式。这就是说，人总是处在活动过程之中。但是，人的活动不同于自然运动，自然运动是盲目的、自发的，人的活动则是有意识的、自觉的。正是人的活动构成了现实的人生，行动成就人生。

行动是实现人生发展的前提。恩格斯说过："人是唯一能够由于劳动而摆脱纯粹的动物状态的动物——他的正常状态是和他的意识相适应的而且是要由他自己创造出来的。"动物是在消极地适应环境的过程中维持自己的存在的，人则是在积极地改造环境、创造环境的过程中得以存在和发展的。换言之，人是超越一切动物的"社会动物"，是依靠行动来满足自我需要、实现自我发展的。如前所述，劳动是人的特殊的生命活动，构成了人的存在方式，因此，人生发展需要自觉的行动。

行动展示人生的价值和意义。动物的生命活动是维持生存的本能的活动，人的生命活动是一种寻求意义的有意识的活动。人总是为寻求意义而生活，总是为失去意义而焦虑。人与动物的区别，不仅在于有生的追求，而且在于有死的自觉。正是由于自觉到"死"这个无法逃避的归宿，人们便产生了对"生"的价值与意义的追问与追求。而要追求人生的意义和价值，就要行动。个人如何行动，意味着个人如何创造自己的价值，如何展示自己存在的意义，如何实现自己的人生发展。正是通过自己的行动，一些理发师、修鞋匠、店员等"小人物"，在惊心动魄的法国资产阶级革命中成长为将军和领袖；也正是通过自己的行动，一些放牛娃、普通学生等"小人物"，在波澜壮阔的中国新民主主义革命中成长为将军和领袖。个人的自我发展只能通过行动来实现，人生价值和意义也只能通过行动来展现。

人的一切都是人自己创造的。人具有能动性和创造性，能够把客观存在的可能性转化为自己的需求和目的，然后通过行动去实现。这就是所谓的自我实现。从本质上看，人的自我实现无非是人的自我创造，是人通过自己的行动创造了自我，创造了自己

名 人 名 言

人生来是为行动的，就像火光总向上腾，石头总往下落。对人来说，一无行动，就等于他并不存在。

——伏尔泰

的人生价值。动物的行动方式就是它们的本能活动，与此不同，人的行动方式是有意识、追求意义的活动，是个人创造和展示自己人生价值和意义的过程。

点击链接

粟裕（1907—1984），1907年出生于湖南省会同县，1925年春到湖南省立第二师范学校学习。在湖南常德，粟裕投笔从戎、投身革命，从此出生入死、身经百战、战功卓著，从一名师范学校的学生和一名普通的士兵成长为杰出的军事家、战略家。粟裕没有上过军事院校，但从战争中学会了战争，以非凡的智慧和胆略，直接指挥了苏中、豫东等战役，参与指挥了淮海和渡江等战役。1955年，粟裕被授予大将军衔。粟裕作为中国无产阶级革命家、军事家，为中国革命事业建立了彪炳史册的伟大功勋。

✳ 行动必须遵循规律

《伊索寓言》里有一则《下金蛋的鸡》的故事。一个贪婪的农夫家里很穷。他每月开销的唯一来源，是将几只母鸡生的蛋拿到集市上去卖钱。但这远远不能满足他的需要，他总是妄想有一天能发笔大财。他养的鸡中，有一只最大的黑母鸡，每天下的蛋也最大。他精心照料着黑母鸡，希望它能下更大的蛋。有一天，黑母鸡下了一枚金灿灿的蛋，农夫高兴极了。可是，农夫并不满足，他贪婪地想："这鸡真神奇，它的肚子里一定还有许多金蛋！我呀，不如把它们都取出来，那样就可以卖好多钱啦！"他将鸡杀死之后，小心翼翼地剖开鸡腹，仔细地寻找，结果什么也没有找到。农夫后悔不已，不但没有找到金蛋，还永远地失去了生金蛋的黑母鸡。

农夫的行动符合规律吗？为什么？这个故事给你哪些启示？

🔬 运动是有规律的

事物之间存在着不同的联系，人们在认识和改造世界的过程中，逐渐发现事物的联系有的是表面的，有的是本质的；有的是偶然的，有的是必然的；有的是暂时的，有的是稳定的。其中，只有那些本质的、必然的、稳定的联系，才能决定事物的运动过程和发展方向。所谓规律，就是事物运动过程中本质的、必然的、稳定的联系。规律作为事物的本质的联系，渗透在一切现象之中；作为必然的联系，在事物的运动过程中处于支配地位，决定着事物发展的方向；作为稳定的联系，体现为重复性，即只要具备一定的条件，某种合乎规律的现象就会重复出现。

各抒己见

"八月十八潮，壮观天下无。"这是北宋诗人苏东坡咏赞钱塘江秋潮的千古名句。千百年来，钱塘江以其壮观的江潮闻名天下。钱塘江大潮的形成受"天时""地利""风势"三大因素影响。天时：农历八月十八日前后，太阳、月球、地球几乎在同一直线上，所以，这时海水受到的引力最大。地利：钱塘江入海口状似喇叭形，潮水易进难退。风势：浙江沿海一带夏秋之季常刮东南风，风向与潮水方向大体一致，助长了潮势。

结合自己的生活经验，举出一些类似自然界运动的现象，体会其中所蕴含的规律。

根据规律存在领域的不同，可以把规律划分为自然规律、历史规律和思维规律。自然界的运动是有规律的，自然规律贯穿于自然领域，支配着自然事物的运动，如万有引力规律支配着每一个事物；人类社会的发展是有规律的，历史规律贯穿于社会领域，支配着人们的历史活动，如价值规律是商品生产所共有的规律，支配着一切商品生产活动；人的思维活动也是有规律的，思维规律贯穿于认识领域，支配着人的思维活动，如认识过程总是从感性到理性，从"生动的直观"到"抽象的思维"，人的思维活动是一个以实践活动为基础的有规律的发展过程。

根据规律发挥作用的范围不同，可以把规律划分为一般规律和特殊规律。所谓一般规律，是指对一定领域内所有事物、对运动的整个过程都起作用的规律，如生产关系一定要适应生产力状况的规律就是人类社会发展的一般规律；特殊规律则是指对一定领域内某些事物起作用，对运动过程的某些阶段起作用的规律，如剩余价值规律只是资本主义社会经济活动的特殊规律。一般规律和特殊规律是相对而言的，某个领域的一般规律在更大的范围内就会转变为特殊规律。如果说具体科学揭示的是某一领域的特殊规律，那么，哲学关注的则是贯穿在这些特殊规律中的一般的共性，揭示的是外部世界和人类思维运动的一般规律，如对立统一规律、量变质变规律、否定之否定规律。

规律是客观的

任何规律都是客观的，既不能人为创造，也不能人为消灭，一个社会即使探索到本身的运动规律，它还是既不能跳过也不能用法令取消其自然的发展阶段。规律是事物本身所固有的，不管人们是否认识到、主观上是否承认或喜欢，它都存在并发生作用，这就是规律的客观性。鸟在天空中飞翔，依据的是鸟本身的生理结构。人本身不能飞翔，但人制造的飞机却可以在天空中飞翔，而且比鸟飞得更高。问题在于，飞机能够上天飞翔，依据的不是人的主观意识，而是客观的空气动力学规律。

各抒己见

随着科学技术的发展，农业现代化水平越来越高。人们在冬天能看到本应夏天才开的花，能吃到本应夏天才成熟的水果；人们在夏天也能看到本应冬天才开的花，能吃到本应冬天才成熟的水果。

这是否说明人可以改变自然规律呢？为什么？

自然运动存在客观规律。日月运行、春去秋来，自然界中不存在目的性，一切都处在盲目的相互作用之中，自然规律就是在这种盲目的相互作用中形成并发挥作用的。在自然运动中存在着不以人的意志为转移的客观规律。

各抒己见

2020 年 9 月 8 日，习近平总书记在全国抗击新冠肺炎疫情表彰大会上指出："在这场同严重疫情的殊死较量中，中国人民和中华民族以敢于斗争、敢于胜利的大无畏气概，铸就了生命至上、举国同心、舍生忘死、尊重科学、命运与共的伟大抗疫精神。"

请就"伟大抗疫精神"中"尊重科学"谈谈你的看法。

社会发展同样存在着不以人的意志为转移的客观规律。尽管每一代君主都被教导如何进行统治，可历史上照样发生改朝换代，照样发生资产阶级革命，封建王朝照样走向灭亡。中华人民共和国成立 70 多年来，我们党领导人民创造了世所罕见的经济快速发展的奇迹和社会长期稳定的奇迹，中华民族迎来了从站起来、富起来到强起来的伟大飞跃。实践证明，中国特色社会主义制度和国家治理体系是以马克思主义为指导、植根中国大地、具有深厚中华文化根基、深得人民拥护的制度和治理体系，是具有强大生命力和巨大优越性的制度和治理体系，是能够持续推动拥有近 14 亿人口大国进步和发展、确保拥有 5000 多年文明史的中华民族实现"两个一百年"奋斗目标，进而实现伟大复兴的制度和治理体系。这说明社会发展中同样存在只要具备一定的条件就会重复起作用的规律。历史规律同样具有客观性。

点击链接

当"地心说"成为神圣的教条时，地球照样围绕太阳旋转。罗马教廷可以把布鲁诺送上火刑架，但不可能让太阳围绕地球旋转。规律都是客观的，既不能人为地创造，也不能人为地消除。

与自然规律相同，历史规律也是客观存在的；与自然规律不同，历史规律形成、存在并实现于人的活动之中。没有商品生产就不存在价值规律；没有资本主义生产就不存在剩余价值规律；没有战争就不存在战争规律……这正是历史规律的特殊性。但是，这并不意味着历史规律是主观的。人的活动都是在确定的历史条件下进行的，尽管这种确定的历史条件可以被新一代人的活动所改变，但这些历史条件预先规定了新一代人活动的性质和特点。同时，在新一代人的活动过程中，个人活动相互制约、相互冲突、相互交错，融合为一个总的合力，形成一种整体的，不以人的意识、意志为转移的力量。这个整体的，不以人的意识、意志为转移的力量就是历史规律，即社会发展规律。历史规律一旦形成就反过来制约人的活动，决定社会发展的总体趋势。

敢于行动与善于行动

点击链接

行为是基于个人的意志而具体表现于外的举止动作。行动是为达到某种目的而进行的活动。活动是有机组织的运动。

行为、行动都属于人的某种活动。行为强调外显的动作或精神面貌，行动则强调目的性。一般的行为也受到意志的支配，所以行动往往包括一般的行为举动。

名 人 名 言

顺理而举易为力，
背时而动难为功。

——《晋书》

历史规律决定着社会发展的方向和总体趋势，但并不能直接决定人的行为。如果历史规律能直接决定人的行为，那就意味着人的行为都是符合规律的。事实上也并非如此。人的行为可能符合规律，也可能违背规律。直接决定人的行为的，是人的动机和目的，规律的决定作用往往表现在人的目的的实现的可能性上。

在客观规律与人的活动的关系上，规律的客观性表现为规律的存在和发生作用不以人的意识、意志为转移。规律的客观性决定了人们的行动一旦违背规律，就会受到规律的惩罚。同时，人不是消极被动的，人们可以认识、把握和运用规律，并依据事物固有的属性，通过改变条件而改变规律起作用的方式。因此，人们应以客观规律作为人生行动的"向导"，敢于行动，善于行动。

人的活动与客观规律的关系就如顺水行舟与逆水行舟的关系。顺水行舟，人感受不到水的力量；逆水行舟，则很容易感受到水的力量。规律的客观性表现在人们行动的结果中。当人们的行动符合规律时，规律的客观性表现为人们预期目的的实现；当人们的行动违反规律时，规律的客观性表现为人们行动的破坏性，甚至产生灾难性的后果。

我们不仅要敢于行动，而且要善于行动。要善于行动，就要把自己的行动目标建立在客观规律的基础上。在行动过程中，我们要依据事物固有的属性，通过改变条件而改变规律起作用的方式，使自己的行动既合目的性又合规律性。社会发展是人们不断修正自己的目的的过程，而不是修正规律的过程。我们应根据规律不断修正目的，从而使自己的目的更接近现实并不断转化为现实。

人生感悟

铣工王刚用双眼和双手以极限精度的水准，为国产战机打造大梁。王刚还是六七岁的孩子时，心中便有一个飞机梦。他尝试着折纸飞机、制作铁飞机，一次次失败，又一次次尝试。1996 年中考时，成绩优异的王刚毫不犹豫地直接报考了技校。王刚学习的是铣工专业。实习时，他选择了最大的结构件生产厂——数控机床加工厂。毕业时，他更是不假思索地选择了该加工厂。王刚住在工厂的职工宿舍，每天晚上加班成为他的常态。入厂不到一年，王刚就接到了最大的一件活儿，做飞机的前大梁。王刚的师傅把生产任务接了下来，把万能铣的部分交给了他。从 2000 年开始，王刚开始挑大梁，一干就是十年。他做的工件没有一件出问题。甚至多年过后，飞机回厂检修，他一眼就能看出哪个部件是经他手做的。王刚的技术日日精进，2007年第一次参加职工技能大赛就获得了全市第二名，2008年参加"振兴杯"全国青年职业技能大赛拿到铣工组冠军，2012年参加第四届全国职工职业技能大赛又一次拿到了铣工组冠军。2010年，工厂成立了第一个以员工命名的班组，就是王刚班。2012年，某集团首次评选高级技师，王刚获得了首席技能专家称号，享受专家级待遇。王刚用自己的行动实现了自己的"梦想"！

王刚的事例给你哪些启示？

要点提示

运动是物质的存在方式

运动是有规律的

遵循规律，敢于行动与善于行动

体验与探究

1. 举例说明中职生如何在学习和生活中做到"敢于行动，善于行动"。

2. 大家都知道，"对牛弹琴"这个成语讽刺的是弹琴者不看对象，白费工夫。但现代科学却证明，定时给奶牛放音乐，能使奶牛产奶量增加。请运用认识规律、遵循规律的相关观点予以说明。

3. 一张地图，不论它多么详细，比例多么精确，也不能带它的主人在地面上移动一寸。只有行动才能使地图的价值体现出来。人们往往喜欢把事情留到明天再去做，明天，还有明天，你永远等不到明天的到来。你构思了一千遍却无法将每个细节构思得尽善尽美，说一千遍还不如好好地干一遍。今日事今日毕，不是很好吗？

   阅读上面这段文字，体会其对我们人生行动的启发，在此基础上制订一份未来一年自己的行动计划。

第 3 课

自觉能动与自强不息

在人生选择、实践和创造的过程中，我们不仅要认识和把握事物运动的客观规律性，而且要认识和发挥人的活动的主观能动性，自觉地把尊重客观规律性和发挥主观能动性有机结合起来，激发自我潜能，有所作为，并在这个过程中体会自尊、自信、自强在人生中的重要作用，自强不息地走好人生每一步。

他山之石

"中国好人""河南省美德少年"马永恩，7 岁那年，他的父亲在广东顺德一家工厂打工时，突患急性脊柱炎，生活不能自理。为了治病，家里花光了积蓄，还欠了一大笔债。为了还债，马永恩的爷爷到工地上打零工赚钱。然而，在一次从工地回家的路上，马永恩的爷爷不幸遭遇车祸身亡。料理完爷爷的后事，马永恩的母亲就不辞而别。家庭的重担从此落在了小小的马永恩肩上。

"人没有锄头高，便开始锄地播种；捡废品卖钱，为父亲筹药钱；每天早上喝碗七毛钱的粥，有时候还会吃不饱饭"……这是马永恩对儿时的记忆。无论春夏秋冬，马永恩都会早早起床，洗衣服、做饭，照顾爸爸起居和吃药。考入大学后，为方便他照顾父亲，学校安排他入住教职工宿舍。每天，马永恩除了上课和照顾父亲，还在辅导员的帮助下勤工俭学，在食堂和图书馆做兼职。学习上，他勤学好问，成绩排名靠前，多次获得校级和国家级励志奖学金。他的事迹被中央电视台等多家权威媒体报道，在社会上引起了强烈反响。

读了马永恩的故事，你最想对自己说的一句话是什么？

✳ 正确发挥自觉能动性

宋国有一个农夫，他担心自己田里的禾苗长不高，就天天到田边去看。可是，一天、两天……禾苗好像一点儿也没有往上长。他十分焦急。有一天，他终于想出了"办法"：把禾苗一棵棵地拔高。于是，他从早上忙到傍晚，筋疲力尽。回到家里，他告诉儿子："我帮禾苗长高了一大截。"他的儿子听了，急忙跑到田里一看，禾苗全都枯死了。"拔苗助长"这个成语由此而来，比喻不顾事物发展的规律，强求速成，结果反而把事情弄糟。人生也是如此，行动必须遵循规律！

农夫的能动性发挥得有效吗？为什么？

自觉能动性及其特点

人与动物不同的地方就在于，动物的活动都是自发的、无意识的，而人的活动都是自觉的、有意识的。恩格斯之所以赞美人的意识是"地球上最美丽的花朵"，就在于人的意识具有能动作用。人的一切活动都是在一定的意识、思想指导下进行的有目的的活动。正如毛泽东所说："思想等等是主观的东西，做或行动是主观见之于客观的东西，都是人类特殊的能动性。这种能动性，我们名之曰'自觉能动性'，是人之所以区别于物的特点。"

第一，人是能动地认识世界而不是被动地反映世界的。认识是人脑对客观事物的反映，但这种反映不是消极的，而是积极的；不是被动的，而是能动的。认识的本质是人们在实践活动的基础上对客观事物的能动的反映。在认识活动中，人们不仅能反映事物的现象，而且能揭示事物的本质和规律；不仅能反映事物的现状，而且能追溯事物的过去，预见其未来；既能看到事物的存在，又能"看到"事物的意义。我们不仅看到了大地、海洋，而且"看到"了"苍茫"的大地、"浩瀚"的海洋；不仅看到了太阳、月亮，而且"看到"了"旭日"、"夕阳"，"看到"了"皎洁"的月光、"凄凉"的月光；不仅看到了人的生与死，而且"看到"了"有的人活着，他已经死了；有的人死了，他还活着"……认识活动是一个能动的不断创造的过程。

第二，人是能动地改造世界而不是被动地适应世界的。人的自觉能动性的最突出表现，就是对客观世界的改造。人的实践活动是一种既按照事物的运动规律，又按照自己的内在需要而进行的有目的的活动。正是通过实践活动改造客观世界，人的观念变为现实，意识变为存在，使客观世界发生合乎人的目的的变化；正是通过实践活动改造客观世界，人们创造出像铁路、电话、计算机、航天器等这些自然界本没有的东西，使我们周围的世界发生了巨大的变化。人的自觉能动性集中表现在：只有人才能够自觉地设定活动的目的，预先在观念中创造出理想的存在，然后通过自己的实践活动把它变成现实的存在，从而创造出属人的世界。

点击链接

昔日长江出三峡时常发生洪水泛滥。据考证，从汉初到清末的 2100 多年间，仅今荆江地区就有 200 多次陷入一片汪洋，平均 10 年左右就有一次洪水泛滥。

今日的三峡水利枢纽工程益处颇多。在防洪上，三峡水库正常蓄水位 175 米，最大防洪库容 221.5 亿立方米，对长江中下游地区具有巨大的防洪作用；在发电上，截至 2015 年年底，三峡水电站总装机容量 2250 万千瓦，成为目前世界上装机容量最大的水电站；在航运上，长江干流是沟通我国东南沿海和西南腹地的交通运输"大动脉"，也是连接我国东、中、西部的重要经济纽带，长江"黄金水道"名副其实。三峡水利枢纽工程的建成，是人们能动地改造客观世界的又一杰作。

第三，人的生命活动本身是自觉的、能动的活动，而不是本能的、被动的活动。动物的生命活动是本能的活动，蜜蜂永远酿蜜，蜘蛛永远织网，老鼠永远打洞……动物可以"认定"，但动物没有意识，不会在思考中认定。人同样具有本能，但人的本能是"被意识到的本能"，因而人是在思考中认定。更重要的是，人能够把自己的生命活动变成自己的意识的对象，即人能够意识到自己的本能，意识到自己的生命活动，具有意识和自我意识，并根据这种意识和自我意识进行生命活动。因此，人的生命活动是自觉的、能动的活动，是超越本能的有意识的创造性活动。有意识的生命活动直接把人跟动物区别开来。

尊重客观规律与发挥自觉能动性

规律的客观性与人的自觉能动性的辩证关系，要求我们在认识世界和改造世界的过程中，在人生发展的道路上，必须把尊重客观规律与发挥自觉能动性有机地结合起来。

尊重客观规律是正确发挥自觉能动性即主观能动性的前提。规律是客观的，始终制约着人的主观能动性的发挥。当我们发挥主观能动性去改造客观事物时，只有从事物本身的实际出发，按事物本身的规律进行，才能获得成功。否则，只能失败。阿基米德定律是造船业必须遵循的规律，今天的造船业无论多么发达也不能违背这一定律。如果违背这一定律，造出的船无论多么"现代"、多么

各抒己见

当年在物质条件极为艰苦的条件下开采大庆油田时，"铁人"王进喜提出："我们有条件要上，没有条件创造条件也要上。"

"大跃进"时，曾有人提出："人有多大胆，地有多大产"；"胆量等于产量，思想等于行动"。

你如何看待以上观点？为什么？

"人性化"，也必沉无疑。离开客观规律去发挥主观能动性，不仅一事无成，而且往往适得其反，甚至会破坏事物本身的发展。

现实生活中，在把握主观能动性与客观规律性的关系时，要防止两种倾向：一是夸大自觉能动性的作用，忽视客观规律性，单凭主观想象、热情、意志、愿望办事，超越客观可能性所允许的范围，勉强去做那些暂时做不到甚至根本不可能做到的事情；二是片面强调客观规律的作用，忽视人的自觉能动性，主观落后于客观实际的发展，认为这也不可能，那也办不到，本来经过主观努力可以做到的事情也不去做，最终无所作为。现实生活中，无论是认识世界，还是改造世界，都必须尊重客观规律性，同时必须发挥人的自觉能动性。认识世界就是要把握客观世界的规律，而要把握客观规律，不发挥人的自觉能动性是不可能的；改造世界就是要把理想变为现实，不发挥人的自觉能动性同样是不可能的。

点击链接

青藏铁路的科研团队和筑路工人经过艰苦奋斗，在"生命禁区"冒严寒、顶风雪、战缺氧、斗冻土，秉持务实创新的科学态度，以惊人的毅力和勇气，挑战极限，攻克了"高寒缺氧""多年冻土""生态脆弱"三大世界性工程技术难题，自主创新解决了一系列冻土难题，使我国冻土研究走在了世界前列，在雪域高原上筑起了中国铁路建设新的里程碑，也铸就了挑战极限、勇创一流的青藏铁路精神。

在发挥自觉能动性的过程中实现自我发展

实现自我发展需要正确地认识自己，了解自己的个性和特长，明确自己的发展方向，能动地改造自我；同时，需要正确地认识自己所处的客观环境，认识和把握客观规律，能动地改造环境。

这一过程的实现与完成，就是培养自己的自觉性、自信心，不断发挥自觉能动性的过程，也是自觉地实现自我发展的过程。

人的自我发展是有条件的。人们总是在一定的社会关系和文化传统中进行活动。在这个意义上，人是"被动"的，是历史的"剧中人"。人又是历史的"剧作者"，人的一切都是由人来实现的。人具有自觉能动性，能够把客观的可能性转化为自己的需求和目的，然后通过自己的行动去实现，这就是自我实现。人的自我实现实际上是人的自我创造，是人通过自己的行动创造自己所需要的东西，实现自我发展。

人不是一块石头，一个树根，一团泥土，可以任凭设计；人也不可能完全按照自己的意图来塑造自己。但是，人的主观努力对于把自己造就成什么样的人，具有重要作用。人的自我，包括品德、智慧、能力是个未定数，是在实践活动中发现、创造、获得和积累的。因此，实现自我发展需要具备良好的精神状态，需要以积极、主动和进取的态度展开行动，发挥自觉能动性，以智慧和勇气去面对人生的逆境或困境，在推动社会发展的过程中创造自我，实现自己的人生价值。

要在发挥自觉能动性的过程中实现自我发展，就既要反对唯意志论，又要反对宿命论。唯意志论的错误在于，它忽视了规律的存在及其客观性，不理解规律决定事物运动的性质和方向，决定着人的活动的性质和方向。人的意识、意志、活动始终是受规律制约的，再坚强的意志如果违背规律也不可能实现。宿命论的错误在于，它忽视了人的自觉能动性，不理解人能够认识、把握和运用规律，从而获得自由决断和行动的能力。人们做某件事、从事某种活动，由寸步难行到如鱼得水，由无所适从到运用自如，区别就在于，是否认识和把握了客观规律，并是否在行动中运用了客观规律。

☀ 自强不息与成功人生

　　洪战辉在困境中撑起了一个家庭。当年，其父从外面捡回一个刚出生 100 多天的女婴。由于家庭困难，而且其父精神状态时好时坏，其母不堪忍受，痛苦绝望地离家出走了。但是，小战辉却用单薄而稚嫩的肩膀挑起了整个家庭的重担。经过断断续续的六年高中生涯，在 2003 年，他终于走进了大学的校园。为了照顾妹妹，他毅然把她带在了身边。生活使他早早地成熟，他也由此从一个男孩变成了困难压不倒的男子汉，在生活的艰辛中学会了坚强……

　　洪战辉的故事告诉我们怎样的人生道理？

✿ 自尊与关注自我的存在

　　人不仅有生存的需要、安全的需要，而且有归属的需要、尊重的需要。这种尊重的需要不仅包括得到他人的尊重，即期望受到他人、集体和社会的尊重，而且包括自我尊重，即尊重自己。一个人只有自尊，才能赢得他人的尊重；一个人如果懂得自尊，就会主动维护他人的尊严，把尊重自己和尊重他人结合起来。自尊本身就是人的自我意识之一，是对自我的积极评价、体验和感受，是对自我存在的关注与肯定。

　　首先，要肯定自己。自尊首先就要肯定自己，就要告诉自己"我能行"。只要你努力工作、生活、奉献，就是崇高而又伟大的。"伟人的必要气质，是他自以为必须伟大起来。"在别人肯定你之前，你先要肯定自己。

◎ 点击链接

　　肯定自己不等于个人主义。个人主义以自我为中心，把对自己的有利视为处理一切关系的唯一出发点和最高原则，其本质是利己主义。所以，我们要自尊，要肯定自己，但反对个人主义。

名 人 名 言

吾日三省吾身。
——《论语·学而》

其次，要完善自己。任何一个事物都不可能达到完善。马克思说过："一切发展中的事物都是不完善的。"任何一个人也不可能达到完善，无论是在日常生活中，还是在实际工作中，我们都需要全面地分析自己的优点与缺点、长处与短处，并在行动上积极进取，不断地完善自己，展示自己"自我形象"的魅力。"金无足赤，人无完人。"但是，追求完善应当是我们的品格。

再次，要超越自己。动物的生命活动是以"复制"的方式延续其种类的活动，人的生命活动则是以"创造"的方式延续其种类的活动。所以，动物只是生存着；人不仅生存、生活着，而且发展着。发展实质上是人的自我超越。人类世世代代的科学探索、技术发明、艺术创新、工艺改造、观念更新、政治变革……都是现实的人对人的现实的超越，都是人的自我超越。人类这个"大我"是如此，个人这个"小我"也是这样。个人只有以自己的行动实现人生的自我超越，才能实现人生境界的自我提升。

尊重自己，关注自己的存在，就要尊重他人，关注他人的存在。人是社会存在物。任何一个人的存在都离不开他人的存在，玩有玩"伴"，学有学"伴"，人是在交往中、在集体中、在社会中生存的。力图使他人从属于自己，把自己置于集体之上，是个人主义的人生观。尊重他人是一种美德，受人尊重是一种幸福。每个人都希望受人尊重，但受尊重的前提是尊重他人。尊重他人是一种礼貌，是一种素质，是一种度量，更是一种品格。给成功的人以尊重，表明了自己对他人成功的敬佩与赞美；给失败的人以尊重，表明了自己对他人失败的同情与安慰。尊重自己与尊重他人是统一的。

自信与发掘自我潜能

自信不是盲目的自信，不是自恋，更不是夜郎自大。自信作为一种稳定的性格特征和心理品质，就是相信自己的能力，相信在学习和生活中能够依靠自己的力量取得成功，即坚信"我能行"。自信是理性的自信，是对自己所具备的能力和所能达到的目标充满信心，这就为自我潜能的开发提供了动力；同时，自我潜能开发得越充分，人就越自信。作为一种性格特征和心理品质，自信是在勤奋学习、积极行动和反复实践的基础上得到培养和增强的。

所谓潜能，是指一种尚未显现的能力。它一旦通过行动外化，就会变成显能，即实际能力。每个人都有自己的潜能，就像能源深藏在海底，深藏在深山里一样，需要开发才能显现出来。开发自我潜能的前提就是相信自己具有潜能，关键在于为自己设定可行的目标并积极行动。只有在目标的召唤下，在行动中不断地发现、激发自己的潜能，才能将自己的潜在能力转化为实际能力。

各抒己见

培养自信的方法

培养自信，首先要了解自己，知道自己的长处，增强自我意识；同时，要知道自己的不足，不断充实自己的知识，提高自己的能力，弥补自己的不足。

阅读成功自励的书籍，借鉴他人成功的经验，以及获得成功的思维方式，从中找到勇气和力量。

学会积极地思考，制订切实可行的目标，然后逐步分解目标，一件一件地尝试去做。从积极的方面看待人与事，经常对自己说："我能行！""我能做得更好！"

你将怎样使用以上方法来培养自信？请你制订一个提升自信的计划。

就人的一切都是由人来实现而言，人的确是自我实现的。但是，人仅凭自我，什么也实现不了，认为人所做的一切都源于自我是错误的。人要实现什么，首先就要获得什么。人把客观事物提供的可能性转化为自己的需求和目的，然后通过行动去实现，这才是真正意义上的自我实现。如果达尔文、爱因斯坦生活在原始社会，就不可能实现其科学家的"潜能"，如果马克思生活在奴隶社会，就不可能成为历史唯物主义的创始人……实际上，人的潜能不是凝固的、一成不变的，相反，是在认识活动、实践活动和社会遗传的过程中不断生成、变化、积累的。人的能力是未定数，主要是在人们的后天活动中获得的。

◉ 点击链接

脑科学的研究成果表明：人显现出来的能力只是冰山一角。人脑就像一个庞大的信息储存库，它那超级的信息处理系统是计算机以及人工控制系统所无法比拟的。人脑由 100 亿～150 亿个神经细胞组成，每一个神经细胞就相当于一台微型电子计算机。因此，可以说，人脑就是一个庞大的超级电子计算机系统。

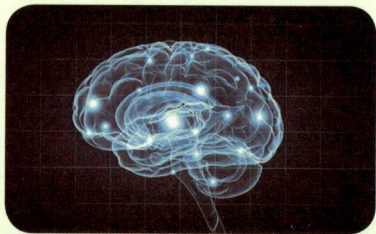

自强与迎接人生的挑战

"天行健，君子以自强不息。"自强不息表现为努力向上、奋发进取、对美好未来不懈追求的精神状态。自强不息强有力地支撑着中华民族屹立于世界民族之林。在现实生活中，我们每一个人都应自强不息、知难而进、顽强拼搏。

其一，自强的人志存高远、执着追求，奉行的是积极的人生哲学、乐观的人生态度，满怀对成功的向往和渴望，脚踏实地、百折不挠，一步一个脚印地向着崇高的理想迈进。

其二，自强的人勇于承担责任、永不言弃，以辛勤劳动创造生活，以阳光态度对待人生，以宽广胸怀对待得失、成败、荣辱，并把对自己负责与对他人、社会负责有机结合起来。

其三，自强的人不怕困难、积极进取，具有"有志者、事竟成，破釜沉舟，百二秦关终属楚"的壮志；具有"苦心人、天不负，卧薪尝胆，三千越甲可吞吴"的气魄；具有"看成败，人生豪迈，只不过是从头再来"的决心；具有一种面对困难压不倒、面对厄运不低头、面对危险无所惧的操守。

毫无疑问，人生活在这个世界上，不是为了迎接挫折的考验，不是为了饱受苦难的蹂躏，不是为了经受病魔的折磨。但是，在人的一生中，谁也难以躲避挫折的考验、苦难的蹂躏、病魔的折磨。不向挫折屈服、不向苦难屈服、不向病魔屈服，这是我们应有的自强精神。在遭受打击的时候，要敢于对自己说，"天生我材必有用"；在条件艰苦的时候，要敢于对自己说，"斯是陋室，惟吾德馨"；在坎坷的人生之旅中，要敢于对自己说，"莫听穿林打叶声，何妨吟啸且徐行，竹杖芒鞋轻胜马，谁怕？一蓑烟雨任平生"。人的一生必然会面临各种挑战，关键是要有自强精神。只有自强不息，才能挑战自我、超越自我、提升自我。

 人生感悟

我县七吉大队有个青年叫郑春林，患小儿麻痹症，一条腿有残疾。但是他不悲观、不等待，自费上北京学习了绘画、照相的技术，在家里办起了一个流动照相绘画服务点，给群众画影壁、画炕箱、照相，送技上门，服务到家。有一天晚上，一个民办教师找到他家要照一张相急用，当天就要取。而一个胶卷又必须全部照完之后才能冲洗，这又来不及，他干脆用一个胶卷只照了一张相片，保证了教师急用。他腿有残疾，不能干体力劳动，就在家里搞起了家庭副业，养了 20 多只貂，并主动向其他青年传授技术，带起了十几户养貂户。两年来，他的收入近万元。他用自己劳动的收入，在七吉大队盖起了第一栋小楼。如果全县青年都能像他一样，有一分热发一分光，把聪明才智贡献给家乡，那么要不了多少年，正定的面貌就会大变样。

郑春林的故事对你有哪些启示？

要点提示

人的自觉能动性
客观规律性与人的自觉能动性的关系
在自尊、自信、自强中发掘自我潜能，迎接人生挑战

体验与探究

1. 怎样把职业选择与个人实际结合起来，有几点提示：第一，兴趣是最好的老师，喜欢很重要；第二，看自己的性格是否适合某类工作；第三，判断自己的能力是否胜任某类工作；第四，从生理角度讲，每个人的长相、体格、体力等身体的自然条件也可成为判断自己适合某类工作的依据。

   结合自身实际，谈谈如何选择自己未来的职业。

2. 谢尔盖·布勃卡是奥运会撑竿跳高冠军，曾 35 次创造世界纪录。有人问他："你成功的秘诀是什么？"他说："很简单，每一次起跳前，我都会先让自己的心越过横杆。"

   谢尔盖·布勃卡的事例给了你怎样的启示？请运用本单元的知识予以说明。

3. 2003 年 10 月，我国自主研制的第一艘载人飞船"神舟"五号发射成功；2005 年 10 月，"神舟"六号载人飞船在完成真正意义上有人参与的空间科学实验后顺利返回；2008 年 9 月，"神舟"七号载人飞船实现了中国航天员首次空间出舱活动，在太空中走出中国人的第一步；2011 年 11 月，"神舟"八号无人飞船成功执行与"天宫一号"目标飞行器的首次自动空间交会对接任务，标志着中国成为世界上第三个自主掌握自动交会对接技术的国家；2012 年 6 月，"神舟"九号载人飞船与"天宫一号"目标飞行器实施我国首次载人空间自动交会对接；2013 年 6 月，"神舟"十号载人飞船与"天宫一号"目标飞行器成功实现自动交会对接，为后续的"天宫二号"，即第二代空间实验室的建设打下坚实基础；2016 年 10 月，"神舟"十一号载人飞船完成与"天宫二号"空间实验室的对接，并搭载航天员在太空进行中期驻留试验。从"神舟"五号到"神舟"十一号，中国航天事业不断迈出坚实的步伐，不断实现着"飞天"梦想的突破。

   中国航天史上这些难忘的记忆带给你怎样的思考？

用辩证的观点看问题
树立积极的人生态度

世界上的一切事物都处在普遍联系之中。联系就是事物与事物之间、事物内部各要素之间相互影响、相互制约、相互作用的关系。矛盾无处不在、无时不有。矛盾既是事物发展的动力，也是人生发展的动力。这就要求我们要学会运用联系的观点和矛盾的观点看待事物、看待人生；以唯物辩证法支撑自己的自立和自主，维护自己的自爱和自尊，激励自己的自律和自省。

第 4 课

普遍联系与人际和谐

世界上的一切事物都不是孤立存在的，而是处在普遍联系之中的。人也不是孤立存在的，总是在与他人的交往中形成一定的人际关系，人的本质在其现实性上是一切社会关系的总和。我们要用普遍联系的观点看待世界、看待社会，营造和谐的人际关系。

他山之石

1994 年，不到 14 岁的姚明进入上海青年男子篮球队。当时，他除了身高，没有什么别的优势，而且他的心肺功能、肌肉力量都不是很强，骨骼也不够强壮……针对这些情况，科研人员为姚明特地制订了一套方案，循序渐进地增强姚明的骨密度和肌肉力量。姚明积极配合实施这套强身方案，球技也有了飞速进步，17 岁入选中国国家青年男子篮球队，18 岁进入中国国家男子篮球队，2002 年成为 NBA 的选秀状元。在人生发展的道路上，姚明不断为自己设定更高的目标。在向目标迈进的过程中，尽管遇到了许多挫折和困难，但姚明没有气馁，正如他自己所说："篮球不是一项用嘴巴进行的运动，它需要你以行动证明自己。"

无论是在上海男子篮球队、中国国家男子篮球队，还是在火箭队，姚明都与队友和谐相处，得到了队友的信任与支持。正是和谐的人际关系，助力了姚明的成功！

姚明取得成功的因素有哪些？他的奋斗历程给了你什么启示？

✳ 一切都处在普遍联系之中

达尔文在《物种起源》一书中讲了"猫与牛"的故事：英国的牛以优质的红三叶草为饲料，红三叶草的生长受到给它传花粉的丸花蜂的影响，丸花蜂的多少受到喜欢食用蜂房和蜂幼虫的田鼠的影响，田鼠的数量则受到善于捕鼠的猫的影响。猫多了，田鼠就少了，丸花蜂就多了，红三叶草就茂盛了，牛就更壮了。表面看起来关系不大的猫和牛，却通过相互联系的生物链紧密相联。

请列举你身边类似"猫与牛"的事例，并说明它们之间是如何联系的。

🌸 联系的普遍性与多样性

在科技信息化、经济全球化过程中，各个民族或国家之间的联系日趋紧密，形成了全球循环的物质流、信息流、技术流、资金流等。今天，人们可以通过一台小小的计算机，在几平方米的房间内与全世界展开交往，世界的整体联系达到了前所未有的程度。人们不再为远隔千山万水而感叹，"咫尺天涯"转化为"天涯咫尺"，世界仿佛成了一个小小的村庄——"地球村"。普遍联系的观念由此深入人心。

实际上，中国的先哲早就用联系的观点看待事物了。"三才共建""万物一体"，体现的是天、地、人之间的基本联系；"阴阳互补""相依相待"，体现的是事物内部诸要素之间的基本联系；"物无孤立之理"，体现的是事物之间的普遍联系。的确如此，当我们认真地考察世界的时候，呈现在我们面前的就是一幅由种种联系交织起来的丰富多彩的画面。

🔘 点击链接

杜弼《檄梁文》："但恐楚国亡猿，祸延林木；城门失火，殃及池鱼。"意思是说，楚国逃走了一只猴子，由于捉猴子，却破坏了整片森林；城门失火，周围的人都用护城河的水去救火，水用完了，鱼也死了。

联系是普遍存在的，具有不以人的意志为转移的客观性。就与人的关系来说，事物的联系可分为自在事物的联系与人为事物的联系。自在事物是在人产生之前就存在或仍处在人的活动范围之外的事物。人为事物的联系是在人的活动中形成的，具有"人化"的特点，但这种联系得以建立的依据同样不以人的意志为转移，具有客观性。既然联系是普遍的、客观的，那么，要如实地反映事物的面目，就要把事物放在普遍联系中加以认识和把握。

联系的普遍性通过联系的多样性表现出来。联系具有多样性，有直接联系与间接联系、内部联系与外部联系、纵向联系与横向联系、本质联系与非本质联系、必然联系与偶然联系等，不同的联系对事物的存在和发展起着不同的作用。例如，大面积的干旱会造成大面积农田减产，而大面积农田减产，就会引发农副产品价格上涨，这就属于必然联系。有些联系在其初始阶段可能是偶然联系，而发展到一定程度就会转变为必然联系。例如，2008 年下半年的国际金融危机，起初只是表现为美国房地产的次贷危机，然而，这场危机发展到一定程度便波及许多国家，并由此引发了全球性的经济危机。所以，当我们面对多种多样的联系时，既要尽可能地认识和把握多种联系，更要认识和把握事物本质的、必然的联系；同时，要善于把握偶然联系，抓住机遇，发展自己。

各抒己见

有人认为：联系是客观的，是事物本身所固有的，不以人的意志为转移。人在客观事物的具体联系面前无能为力。

有人认为：联系是普遍的，所有事物之间都有直接的联系。

请谈谈你对这两种观点的看法。

社会交往与人际关系

任何个人都生活在一定的社会关系中，但社会关系并不是先于人的活动而预成的，而是生成于人们改造自然的生产活动中的；人们改造自然的活动是在诸多个人共同活动的条件下进行的，这种共同活动又是通过个人之间的交往而形成的；个体之间的交往，就是人与人之间的交互作用，正是在人与人之间的交互作用中形成了人与人之间的社会交往，形成了社会关系。

点击链接

英国著名作家笛福所著的《鲁滨孙漂流记》，讲述了英国青年鲁滨孙不安于中产阶级的平庸生活，三次出海经商的故事。有一次，鲁滨孙在去非洲贩卖黑奴途中遇到风暴，只身漂流到一座无人荒岛上。在长达 28 年的时间里，他战胜了悲观和寂寞，建住所、制器皿、驯野兽、耕土地，用各种办法找寻食物。鲁滨孙后来救了一个土著人，把他训练为自己的奴仆，并为他起名"星期五"。在这之后，岛上又陆续来了许多新居民，鲁滨孙则成为岛上的统治者。

鲁滨孙之所以能够独自在孤岛上生活，是因为他赖以生存的方法、使用的工具以及思维方式等，都是在他上岛之前通过与他人的交往而获得的，归根结底都是社会的产物。从根本上说，鲁滨孙仍然生活在社会中，生活在与他人的关系中。

从直接性上看，社会关系就是个人之间的交往关系，就是人际关系。人际关系是社会关系的直接体现。是人们在社会交往中形成的人与人之间的关系。例如，通过经济交往而形成的人们之间的经济关系，通过家庭而形成的人们之间的血缘关系等。在现实生活中，人总是处在与他人的交往活动中，并在交往中形成人际关系。

人际关系无处不在、无时不有。我们不能在人与人的关系之外去考察人，离开了人与人的关系，连人的最简单的属性都说不清。例如，我们说某人是男人，那么，在他之外一定有女人；说某人是老人，那么，在他之外一定有年轻人；说某人是领导，那么，在他之外一定有群众……一个人所具有的属性，是在与他之外的其他人的相互联系、相互比较中获得的。人作为个体，离不开与他人的交往，离不开人际关系。每个人都生活在特定的人际关系网中，都会因受到社会关系的再铸造而发生变化。

人际关系的交互性与复杂性

人际关系不是先天存在的，而是在人的活动中生成和发展的。物质生产活动是人类的第一个历史活动，也是每日每时都必须进行的基本活动，它生成并表现为双重关系：一是人与自然的关系，这是一种主体与客体的关系；二是人与人的关系，这是主体间的关系，即人际关系。

个人间的交往构成"人类"，而人是以"类"的方式从事改造自然的活动，从而与自然形成主体与客体关系的。这也就是说，人要与自然结成一定的关系，人与人之间首先要结成一定的人际关系。人际关系是在人的活动中，在个人之间的交往中生成和发展的，而交往是相互的，是一种互为需要、互为对象、相互作用的关系。在交往活动中形成的人际关系因此具有交互性。

人际关系形成于交往活动中，不同的交往产生不同的人际关系。其中，既有血缘关系，又有地缘关系、业缘关系；既有经济关系，又有政治关系、思想关系；既有师生关系，又有同学关系、朋友关系；等等。这些人际关系相互影响、相互制约、相互渗透，构成了一个复杂的人际关系网。我们每个人都生活在这样的人际关系网中，并扮演着不同的社会角色，或为工人、农民，或为教师、学生，或为父亲、母亲，或为儿子、女儿，或为领袖人物、普通个人……

社会角色包括人的使命。"天下兴亡，匹夫有责"体现的忧患意识、责任意识，实际上就是一种超越个人的角色意识、责任意识、使命意识。能够意识到自己的社会角色、责任和使命的人是自觉的人，而意识不到自己的社会角色及其使命，甚至根本没有这种意识的人是浑浑噩噩的人。中华民族伟大复兴的中国梦终将在一代代青年的接力奋斗中变为现实。我们要坚定理想信念，志存高远，脚踏实地，切实承担好自己的社会角色，做一个有益于人民，有益于社会进步，能够担当民族复兴大任的新时代的新人。

✳ 营造和谐的人际关系

人与人是相互依存的，与人融洽相处是一门大学问。在现实生活中，我们每个人都无法回避与人交往。成功的人际关系无疑是我们人生中一笔宝贵的财富，营造和谐的人际关系，对我们的生活、学习、工作都非常重要。

人际关系是否和谐对你有哪些影响？

🔬 和谐人际关系与人生发展

在现实生活中，人际关系决定并表征着我们能够成为什么样的人，过一种什么样的生活，能够拥有什么样的人生。因此，人际关系的和谐或紧张，直接影响着我们每个人的人生发展。和谐的人际关系是人生发展的重要条件。

👥 各抒己见

如何营造良好的人际关系

甲：与人多沟通，遇到问题心平气和地解决。

乙：学会换位思考，尝试从别人的角度考虑问题。

丙：一味地付出与忍让。

你如何看待上述观点？

在现实生活中，我们每个人都在建构着自己的人际关系，并在其中生活、学习和工作，创造和享受属于自己的人生。和谐的家庭关系、同学关系、同事关系等人际关系，使个人能够顺畅地融入社会，从而充分展示自己的积极性、主动性和创造性，创造自我价值和社会价值，实现自己的人生理想。没有和谐的人际关系，个人就会屡受挫折、一事无成；没有和谐的人际关系，个人就会感到精神压抑、孤独无助。

点击链接

当代著名心理学家马斯洛指出，如果一个人被他人抛弃或被拒绝于团体之外，他便会产生孤独感，精神压抑，严重的还会产生无助、绝望的情绪甚至会有自杀行为。马斯洛的学生舒茨则提出了人际交往三种基本的心理需求，即包容、情感和控制。在舒茨看来，人际需要就是个体要求在自己与他人之间建立一种满意的关系。每个人都有三种基本的人际需要，而且每一类需要都可以转化为动机，产生一定的行为倾向，进而建立一定的人际关系。这一观点对指导人们的人际交往行为具有重要启示。

孤独不一定会产生孤独感。在农村，尤其是偏僻的山村，不少家庭都相距较远，但人们未必有孤独感。而在城市，尤其是现代城市，房屋鳞次栉比，一栋楼内住着许多人，可很多人却有孤独感。孤独是人的一种存在形式，孤独感则是人的一种情感，是人与人的关系疏远、淡化，甚至异化的一种心理情感的表现，是人际关系缺乏和谐的一种表现。孤独感反映的是人们在人际交往中的一种心理感受，而不是人与人之间的空间距离。

社会主义和谐社会应该是民主法治、公平正义、诚信友爱、充满活力、安定有序、人与自然和谐相处的社会。构建社会主义和谐社会，一方面，要深刻认识人与自然是生命共同体，坚守尊重自然、顺应自然、保护自然，健全源头预防、过程控制、损害赔偿、责任追究的生态环境保护体系，建设生态文明，构筑尊崇自然、绿色发展的生态体系，实现人与自然的和谐共生；另一方面，要着力解决人们最关心、最直接、最现实的利益问题，使人们各尽所能、各得其所，实现人与人的和谐共处。没有和谐的人际关系，没有人与人的和谐共处，社会就会混乱失序，道德伦理就会沦丧，经济就会停滞不前，人与自然也就无法和谐共处。构建社会主义和谐社会，就是在发展的基础上正确处理人与自然之间的矛盾、人与人之间的矛盾。

各抒己见

建立和谐人际关系的方式

◆ 微笑（微笑很重要，你会感到世界因之而美好）

◆ 赞美（用心发现别人的优点，适时、适度赞美）

◆ 共情（能够设身处地从他人的角度考虑问题）

◆ 倾听（让他人感觉到你的关怀与理解）

◆ 己所不欲，勿施于人（自己不愿意，就不要强加给别人）

◆ 换位思考（换个角度想想，会更好地理解别人）

你认为建立和谐的人际关系，还需要怎么做？

营造和谐人际关系与遵守交往规则

和谐的人际关系是人生发展的重要条件，但和谐的人际关系并不能天然形成，需要我们每个人努力营造。营造和谐的人际关系需要我们用心、用情、用意，需要我们根据自己担当的不同社会角色，采取不同的交往方式与不同的人进行交往；同时，在这个过程中要遵守人际交往规则。

一是利益原则。马克思指出："人们奋斗所争取的一切，都同他们的利益有关。"利益，尤其是物质利益，是推动人们从事历史活动的根本原因。营造和谐的人际关系，首先就要正确处理好利益关系。在不同的时期，人们之间具有不同的利益关系；在同一时期，人们之间的利益关系也是不同的。在人际交往中，我们每个人都要尊重他人合理的、正当的利益，正确处理好个人利益与他人利益、个人利益与集体利益、局部利益与整体利益、眼前利益与长远利益的关系，从而营造和谐的人际关系。

二是平等原则。人际关系是在人与人的交往活动中形成的关系，不论交往双方的身份、地位、自然禀赋等有多大差异，交往双方在人格尊严上是平等的。"敬人者，人恒敬之。"交往双方只有平等相待，才能相互尊重；只有相互尊重，才能平等相待。我们每个人都有被尊重的需要，同时，每个人也都需要尊重他人。不尊重他人，人与人之间就不可能形成平等关系，也就不可能营造和谐的人际关系。"在真理面前人人平等"，"在法律面前人人平等"，"在人格面前人人平等"……我们应当明白平等的重要性。平等是社会主义核心价值观的重要内容，没有平等就没有社会主义。

各抒己见

尊重，是人的内在修养的表现，也是人所必须具有的品质。尊重，简单地说，就是一种品德，它反映的是一个人的文化素养、道德修养，同时也反映了一个民族的文化底蕴。无论是在学习、工作中，或是在生活中；无论是对同学、老师、领导、同事，或是对朋友、邻居甚至家人，我们都应该自觉践行尊重。因为每一个人都希望得到他人的尊重，尊重他人就是尊重自己。

你在尊重他人方面有什么见解和做法？

名人名言

三人行，必有我师焉；择其善者而从之，其不善者而改之。
——《论语·述而》

三是宽容原则。由于自然禀赋的差异，后天环境的不同，人们在思想和行动中必然各有其特性。"金无足赤，人无完人。"因此，人际交往需要宽容精神。宽容就是要设身处地、将心比心，善于理解他人，善于异中求同。宽容意味着宽宏大量、克制忍让，但并非不讲原则、一味迁就；宽容显示着一个人的自信，但并非盲目从众、随波逐流。

四是合作原则。任何一个人都无法单独生存，个人的力量总是有限的，总是存在着这样或那样的不足。实际上，人是依靠生产工具、依靠社会组织、依靠分工合作，超越一切动物，实现

"全能"的。就个人而言，与他人合作，能够取长补短，形成一种合力。"一个篱笆三个桩，一个好汉三个帮"，讲的就是这个道理。分工与合作是同一个过程的两个方面。在当代，社会分工越来越细化，这一细化的过程要求人们之间的合作越来越紧密，合作原则因此在人际交往中的重要性越发凸显。

学会做人、做事与追求理想人生

人是社会存在物，任何人都不可能不和他人交往而独立存在。玩有玩伴，学有学伴，工作中有同事，生活中有伴侣，人是在交往中生存和发展的。交往实际上是个人社会化的过程，是个人吸取他人经验，把社会成果变为个体能力的过程。即使类人猿，也并非仅仅依靠个体的力量一个一个由猿变为人，而是以群体的方式实现这种转变的。个人主义的"猴子"永远变不成人。"个人"只有在交往中相互学习，才能在"人们"中成为人。我们不仅应该在交往中遵守交往规则，而且应当学会交往艺术，学会做人，学会做事，从而营造和谐的人际关系，追求理想的人生。

任何人的人生都有两件"大事"：一是做人，二是做事。要想事业有成，首先要学会做人。当代著名哲学家维特根斯坦说的"让我们做人"，意指人应该懂得如何做人。做人的问题无比重要，因为人可以成为不同的人：可以成为好人，也可能成为坏人；可以成为崇高的人，也可能成为卑劣的人；可以成为伟大的人，也可能成为平庸的人……

做人与做事密切相关。通常情况下，你是什么样的人，你就会做什么样的事。坏人会做坏事，好人会做好事。但是，人好，不见得就有"本事"，不一定就能做成好事。一个人做的事对他人、人民是有利还是有害，是好事还是坏事，并非完全取决于其是否有"本事"，更重要的，是看其如何应用这种"本事"。所以，我们不仅要学会做人，还要学会做事，在学会做人与学会做事的统一中，追求理想的人生。

名 人 名 言

君子坦荡荡，
小人长戚戚。
——《论语·述而》

学会做人和做事，是为了追求理想的人生。追求，是人朝着自己确立的目标奋进。对崇高目标的追求，是理想、信念和意志的统一。对理想的追求使追求者充满活力和创造力，使生命绚丽多彩。科学家为追求人类幸福而工作，革命家为追求人类解放而献身……从这种种追求中，我们可以体会到生命的价值和意义。

人生感悟

在一个班子里就像是在同一条船上，开展工作就好比划船。大家同舟共济，目标一致，心往一处想，力往一处使，形成了合力，这船就能往预定的目标快速前进。如果各有各的主张，各往各的方向划船，这船只能在原地打转，不能前进半步。更有甚者，如果互相拆台，还会有翻船的危险。百年修得同船渡。班子里的同志能聚到一起工作就是一种缘分，要珍惜在一起共事的时间，同心协力，干出一番事业。

从建立和谐人际关系的角度，谈谈你对上述这段话的理解。

要点提示

联系是普遍的、客观的、多样的

人总是在与他人的交往中生存

营造和谐的人际关系

体验与探究

1. 请与同学一起在校园内寻找三组以上看似无关、实则相互联系的事物，用思维导图描述其联系方式。通过此活动，你有哪些启示？

2. 你如何理解"要做事先做人"这句话？

3. 组织开展以"营造和谐的人际关系"为主题的"一对一"谈话沟通活动。通过谈话沟通，认识自己在处理与同学的关系中所存在的问题，并积极主动地加以改进，从而营造和谐的同学关系。

第 5 课

变化发展与顺境逆境

　　我们常常用日新月异、沧海桑田来形容世界的变化。当我们考察世界时，呈现在我们面前的不仅是一幅由普遍联系交织起来的画面，而且是一幅由变化发展所构成的画面，新事物的产生和旧事物的灭亡成为不可抗拒的规律。我们要认识事物的运动变化发展及其规律，并以此为基础把握人生发展的规律，正确对待人生中的顺境与逆境。

他山之石

　　魏祥，甘肃省定西一中 2017 届高中毕业生。魏祥身患先天性脊柱裂、椎管内囊肿，出生后下肢运动功能丧失。爸爸、妈妈四处求医，为他医治，均未有好转。更不幸的是，下岗多年的爸爸身患不治之症，于 2005 年去世。坚强的妈妈省吃俭用，一边为魏祥求医，一边背他上学。在求学生涯的 12 年里，魏祥克服身体残障的重重困难，竭尽全力，刻苦求学，在 2017 年 6 月的高考中，他考出了 648 分的好成绩，被清华大学录取，给了深爱他的妈妈和培养他的恩师一份满意的答卷，也使他的人生踏出了坚实的一步。身残志坚、逆境中成长的魏祥的事迹火遍媒体，感动大家！

　　通过互联网进一步查询魏祥的事迹，谈谈你对魏祥事迹的看法。

　　假如你的人生发展遇上逆境，你会怎么办？

✳ 发展的永恒性及其实质

从无机界到有机界，从微生物形成到海洋中甲壳类动物出现，从生物的分子、生命体到高等生物、直至人类产生，自然界在不断地进化与发展。

从原始社会、奴隶社会、封建社会到资本主义社会，再到社会主义社会、共产主义社会，社会处于不断发展的过程之中。

从物质实体、物质形态到物质结构，再到分子、原子，再到夸克，人的认识也处在不断发展的过程中。

你还能说出生活中有关发展的具体事例吗？

🔗 一切都处在运动变化发展之中

从无机界到有机界，再到生命体的出现，从原始社会、奴隶社会、封建社会到资本主义社会，再到社会主义社会，从蒸汽机车到电力机车，再到磁悬浮列车……说明这样一个道理：一切都处在运动变化发展之中，世界就是一个无限变化和永恒发展着的世界。"子在川上曰：'逝者如斯夫，不舍昼夜。'"

事物处在普遍联系之中，普遍联系包含着事物内部各要素以及不同事物之间的相互作用，相互作用必然导致事物的运动变化发展。运动是事物的存在方式和根本属性；变化是事物在运动过程中所发生的状态或性质的改变，它既可能是上升的运动，也可能是下降的运动或是水平的运动；发展则是事物上升的运动，其实质就是新事物的产生与旧事物的灭亡。

所谓新事物，是指合乎规律，具有生成、存在和发展必然性的事物。与此相反，旧事物则是在发展过程中逐渐丧失其存在的必然性、日趋灭亡的事物。区分新事物与旧事物，不能仅凭出现时间的先后，不能仅根据形式上是否新奇。新事物与旧事物相区别的根本标准，是看其是否符合发展规律。新事物必然代替旧事物，这是由新旧事物的本质特征和事物发展的辩证本性决定的。新事物不是"无中生有"，而是在旧事物这个"母胎"中孕育成熟的；新事物否定了旧事物的消极因素，吸收了旧事物的积极因素，并增加了旧事物所不能容纳的新的因素，因而能够适应新的环境，具有强大的生命力。生物演化中的新物种代替旧物种，社会发展中的新形态代替旧形态，思想演变中的新思想代替旧思想等都是如此。新事物代替旧事物是不可抗拒的规律。

点击链接

伴随着生产力的发展，中国人的生活方式发生了巨大变化，其中一个重要的表现就是人们通信方式的巨大变化——从烽火传军情、飞鸽传书，到电报、电话、BP机，再到移动电话、互联网。中国人通信方式的历史变迁是一切事物都处于运动变化发展之中的一个缩影。

发展是由量变到质变的过程

任何事物的发展都需要一个量的积累过程。只有当量积累到一定阶段、一定范围时，事物才能发生质的飞跃，才能导致新事物产生，旧事物灭亡。量变质变规律是事物变化发展的基本规律。

任何事物都有量的规定性，量是事物存在和发展的规模、程度、速度等可以用数量表示的规定性，如物体的大小、质量的轻重、运动的快慢、人口的多少等都是量的规定性。任何事物又都有质的规定性，质是事物成为自身并区别于其他事物的规定性。此物之所以为此物，并有别于他物，就在于它具有自身的规定性。

任何事物都是质与量的统一体，这种统一体现在"度"上。所谓度，就是指事物保持自己质的稳定性的量的限度。例如，在一个标准的气压下，水的温度就是0℃～100℃，在这个幅度内，水保持其自身不变，突破温度的两个关节点或临界点（0℃或100℃），水就变成冰或水蒸气了。判断一个事物是处在量变状态，还是处在质变状态，关键看其变化是否超出了度的范围。在度的范围内的变化属于量变，超出度的范围的变化就是质变。

量变与质变是事物发展的两种基本状态。一般情况下，量变表现为渐进的、缓慢的变化；质变则表现为急剧的、突然的变化，即突变。事物的发展总是从量变开始的，量变积累到一定程度就会引起质变；质变是事物从一种质转变为另一种质，从一事物转变为另一事物。"积土成山，积水成渊"，讲的就是这个道理。量变不是质变，但又能引起质变；质变不是量变，但又能引起新的量变；质变是量变的结果，又是新的量变的开始。量变、质变、量变……如此相互转化，形成了事物发展过程中的基本规律，即量变质变规律或质量互变规律。

各抒己见

"难"也是如此，面对悬崖峭壁，一百年也看不出一条缝，但用斧凿，能进一寸进一寸，能进一尺进一尺，不断积累，飞跃必来，突破随之。

——华罗庚

这句名人名言，给你怎样的启示？

懂得量变与质变的辩证关系，把握适度原则，是十分重要的。我们应该懂得"注意分寸""掌握火候"的道理，这就是"适度"；应该懂得"过犹不及""矫枉过正"的道理，也就是超过一定的限度或达不到一定的限度都会影响到事物的质。把握量变与质变的关系，就要确立"底线思维"，凡事不能超越底线。底线，如法律底线、纪律底线、道德底线，就是度的关节点，一旦突破这些底线，事情就会发生质变。在日常生活中，凡事都应做到"心中有数"，都要"防微杜渐"。

发展是前进性与曲折性的统一

事物的发展过程是前进性与曲折性的统一，用形象的语言来说，就是螺旋式上升、波浪式前进。

事物发展的总趋势之所以是上升的、前进的，是因为任何事物内部都包含着肯定因素与否定因素，二者相互作用到一定阶段、一定程度，否定因素就会由被支配的地位上升到支配地位，此时，事物就会由肯定自身转化为否定自身，一物就会转化为他物。

事物发展的道路之所以是迂回的、曲折的，是因为每一次否定的实现都是肯定因素与否定因素、新事物与旧事物斗争的结果。否定因素开始时是较为弱小的，新生事物开始时是不完善的，因而导致双方发展不平衡，力量此消彼长，新事物战胜旧事物的过程因此不会一蹴而就、一帆风顺，往往经历多次反复。即使新事物取得了支配地位，也可能出现旧事物死灰复燃的情况，使新事物的发展遭受挫折，甚至出现暂时的、局部的倒退现象，从而使事物的发展呈现出曲折的一面。

辩证的否定是事物的自我否定，引起否定的根本原因是事物的内在矛盾。这就是说，否定是事物内部矛盾的展开而必然产生的转化和更替过程，事物正是通过自我否定而实现自我发展的。辩证的否定是发展环节和联系环节的统一，是扬弃。扬弃是指既克服、变革，又保留、继承：一方面是新事物克服旧事物，是质变；另一方面是新事物继承旧事物中的合理因素并加以改造。这就是说，辩证否定就是克服与保留、变革与继承的统一。辩证的否定观告诉我们，对任何事物都不能采取肯定一切或否定一切的态度，而要在肯定与否定的统一中进行具体分析，实事求是地肯定应当肯定的东西，否定应当否定的东西。

事物发展是前进性与曲折性的统一，意味着人的一生不可能

名 人 名 言

封建社会代替奴隶社会，资本主义代替封建主义，社会主义经历一个长过程发展后必然代替资本主义，这是社会历史发展不可逆转的总趋势，但道路是曲折的。资本主义代替封建主义的几百年间，发生过多少次王朝复辟？所以，从一定意义上说，某种暂时复辟也是难以完全避免的规律性现象。

——邓小平

总是康庄大道，不可能总是一帆风顺，正如人们通常所说的那样：
"前途是光明的，道路是曲折的。"

各抒己见

2020 年，新年伊始，一种新型冠状病毒（COVID-19）席卷全球，是一个名副其实的"黑天鹅"事件。截至 2022 年 7 月 29 日 24 时，我国 31 个省（自治区、直辖市）和新疆生产建设兵团累计报告确诊病例 229394 例，累计治愈出院病例 222413 例。我国新冠肺炎疫情在"得到控制、局地反弹，得到控制、局地反弹"的反复过程中，形成了明确的防控思路与防控措施，取得疫情防控与经济发展两手抓，两手都有效的相对理想的效果。

请从发展是前进性与曲折性的统一的角度，谈谈你对我国新冠疫情防控的感想。

顺境与逆境是人生发展中的两种境遇

历史上不乏身处逆境之中，发愤努力而功成名就者。文王拘而演《周易》，仲尼厄而著《春秋》，屈原被放逐而赋《离骚》，司马迁遭宫刑而作《史记》，曹雪芹食粥而写《红楼梦》，巴尔扎克流浪街头而有《人间喜剧》，贝多芬晚年失聪而谱《命运交响曲》，这些均是典型。

历史上的这些事例对你有哪些启示？

正确对待人生发展中的顺境与逆境

人的一生往往有不同的追求，但有一点可能是共同的，即人的一生可能"过五关"，也可能"走麦城"。"过五关"属于我们所说的顺境，"走麦城"则属于逆境。顺境与逆境是人生发展中的两种境遇。

所谓顺境，是指在人生道路上行进时条件较好、障碍较少、阻力较小，能够较顺利地到达成功的彼岸。顺境为人生发展提供了较好的条件，可以让个人的才能得到较快发展。在顺境中向目标前进如顺水推舟，天时、地利、人和等有利因素使我们更容易接近目标。居里夫人的女儿从小受到父母的"特殊教育"，径直走上了科学大道，顺利地获得了诺贝尔物理学奖。

顺境是人之所求，但并非人人可得、时时可遇。因此，处在顺境时，要善于抓住机遇，发展自己，同时要居安思危。在顺境中故步自封、不思进取，顺境就有可能转变为逆境。在人生道路上，顺境与逆境总是在一定条件下相互转化的。

逆境是指在人生道路上行进时条件较差、障碍较多、阻力较大，一时难以到达成功的彼岸。逆境使人生发展遇到较多的障碍和较大的阻力，不利于个人才能的较快发展。在逆境中向目标前进如同逆水行舟，困难重重。与顺境相比，在逆境中要达到同样的目标，需要付出更多的努力。

逆境只是增大了我们向目标前进的难度，并没有剥夺我们向目标前进的权利以及达到目标的可能性。逆境可以磨砺意志、陶冶品格、丰富经验。因此，逆境既能打击甚至毁灭一个人，也能成就一个人。即使是由于自己的失误陷入逆境之中也不可怕，可怕的是我们不能正确对待，不能从逆境中崛起。

名人名言

人要学会走路，也得学会摔跤，而且只有经过摔跤他才能学会走路。

——马克思

点击链接

"宝剑锋从磨砺出，梅花香自苦寒来。"凡取得重大成就的人都曾历经风雨，遭遇挫折，最终凭借对理想的坚定信念和顽强毅力，战胜困难，从逆境中崛起。当代中国改革开放总设计师邓小平的人生有着传奇的色彩。他的政治生涯中的"三落三起"，即"三次被打倒，三次又复出"，造就了邓小平钢铁般的意志，形成了邓小平透过历史看未来的彻底的唯物主义精神，塑造了邓小平善于辩证地引导社会运动的特殊能力，从而使他成为当代中国改革开放的总设计师。

身处逆境，未必就一事无成，不能实现人生发展的目标；身处顺境，未必就能事事成功，实现人生发展的目标。无论是顺境还是逆境，都是由客观条件和主观条件双重决定的。实际上，人的活动并非都能达到预期目标。这表明，人生的成功，并不仅仅取决于人本身，如果世界上起决定作用的是人的意志，那就不存在失败。人生成功与否归根结底取决于如何看待和把握人与规律的关系，取决于人的活动与客观规律能否取得某种程度上的一致。在这个特定的意义上，事在人为。

人生在世，顺境与逆境总是相伴而行的。顺境，人之所求，但无法有求必应；逆境，人之所畏，但往往不期而遇。因此，我们应正确对待人生中的顺境与逆境。李白的诗句"人生若波澜，世路有屈曲"，蕴含着丰富的人生哲理。

各抒己见

有人说，失去是另一种获得，困境是另一种赐予，缺憾是另一种圆满。
结合实际谈谈你对此观点的看法。

顺境、逆境与理想境界

人生境界的问题实际上就是人生理想的问题。理想就是境界，境界的高低优劣与所持何种理想有关。理想对于个人的成长而言极其重要，人生的成就超不出他的理想信念。理想信念就如同航标和灯塔，为人生指引着前进的道路，指明发展方向；理想信念如同加油站，为人生提供发展动力。邓小平说过，中国共产党无论过去多么弱小，无论遇到什么困难，一直有强大的战斗力，之所以如此，是因为有共产主义的理想信念。"风物长宜放眼量"，这是我们观察社会应当具有的历史眼界。

我们重视个人理想。不同的人有不同的兴趣、爱好和素质，我们要创造条件，促使每一个人实现自己的个人理想。但是，任何个人理想都不能与历史规律相违背，在今天，我们要把个人理想融入中国特色社会主义的共同理想之中，从而在推动社会发展的过程中求得个人的发展，实现个人理想。沿着社会的进步方向前进而不是逆向而行，这是我们每一个人在确立人生理想时应当遵循的根本原则。

要树立正确的人生理想，提高自己的人生境界，就要反对个人主义的人生观。个人主义以自我为中心，任何时候都把个人利益摆在首位，当个人利益和集体利益发生矛盾时，不惜损害集体的利益以满足个人的利益。对个人而言，个人主义可能成为一种动力，可以激起欲望、热情甚至拼搏精神；对于社会来说，个人主义是一种涣散力、离心力、破坏力，持个人主义人生观的人总是把一切都按照一己私利的需要加以歪曲，其结果会破坏社会的合力。

点击链接

个人主义对个人发展的所谓动力作用也是极其有限的。发展顺利，一切都如愿以偿时，个人主义者干劲十足；发展受挫，个人目的没有达到时，个人主义者就会灰心丧气，陷入所谓的痛苦之中。

名人名言

虽然我不能像正常人一样站着或走路，因为我坐在轮椅上，但我要像正常人一样，有一个伟大的理想，并向着这个理想而努力奋斗。

——张海迪

实际上，顺境与逆境、幸福与痛苦，并不局限于个人，而是形成于个人与他人、个人与群体、个人与社会的关系之中。只为自己活着的人，其痛苦个人承担，极其沉重；其快乐个人享受，极其有限。只关心自己、心中只有自己的人，会永远不满足，永远"烦"，永远痛苦；当把自己的爱心传递给他人、社会时，个人就会有一种由道德高尚感和成就感而产生的满足、快乐和幸福，就会真正体会到痛苦可以分担，快乐可以共享。不关心社会，就不能为自己创造一个适合自身发展的社会环境；不关心他人，就不可能有一个良好的人际关系，往往使自己处于人际矛盾和痛苦之中。"机关算尽太聪明，反算了卿卿性命"，指的就是这种人。

人生感悟

张海迪的人生道路异常艰辛。5 岁时，可怕的疾病使她高位截瘫，胸部以下完全失去知觉。残酷的命运并没有将张海迪打倒，她开始了独特的人生跋涉。无法上学，她就躺在病床上，学完了小学、中学全部课程，并自学了英、日、德等多门外语，自学了医科院校教材，掌握了针灸技术，为群众免费治疗超过 1 万人次。1983 年，张海迪开始走上文学创作道路，以顽强的毅力克服病痛和困难，精益求精地进行创作，出版了长篇小说《轮椅上的梦》《绝顶》，散文集《鸿雁快快飞》《向天空敞开的窗口》《生命的追问》，翻译作品《海边诊所》《丽贝卡在新学校》等。1991 年，不幸再次降临，张海迪被发现患有基底细胞癌。然而，手术后不久，她就开始了研究生课程的学习，并在两年后成为我国第一个坐在轮椅上拿到哲学学位的硕士。我们重温张海迪的故事，是为了重温一个道理：人生梦想需要汗水和心血的浇灌，"海迪精神"永远不会过时。

你认为"海迪精神"过时了吗？她的哪些品质值得你学习？

要点提示

事物都处于永恒发展之中
发展是由量变到质变的过程
发展是前进性与曲折性的统一
顺境与逆境的联系与转化

体验与探究

1. 爱迪生一生的发明创造极多，这当然离不开实验。他几乎每天都忙于实验，许多人不理解他的行为，有人甚至认为他的实验毫无价值。一位老太太曾问他："你天天搞这些玩艺，有什么意义？"爱迪生没有正面回答，而是反问道："新生的婴儿有什么用？"
   爱迪生的这句话包含了怎样的哲学内涵？请你运用本单元的观点予以说明。

2. "奇迹多是在厄运中出现的"，"不幸是一所最好的大学"，在现实生活中，我们应该如何应对人生发展中的逆境？

3. 组织一次以"怎样才能实现我们的人生发展目标"为主题的演讲比赛。

第 6 课

矛盾运动与人生发展

　　人们总是希望生活中没有矛盾，然而，现实生活中却处处充满矛盾。矛盾无处不在、无时不有，没有矛盾就没有生活，就没有世界。矛盾既是事物发展的根本动力，也是人生发展的根本动力。

他山之石

　　2015 年 5 月，中央电视台推出《大国工匠》系列节目，介绍了 8 位辛勤耕耘在生产一线的"国宝级"技术工人，某公司焊工张冬伟就是其中的一位。

　　1998 年，17 岁的张冬伟进入该公司所属的高级技工学校学习电焊专业。2001 年，张冬伟从技校毕业进入该公司工作。该公司是我国首家批量建造液化天然气船（LNG 船）的造船企业。张冬伟凭借着勤奋好学、决不放弃的精神，成为国内少有的能胜任 LNG 船高难度焊接任务的高技能人才。

　　"不管面对再大的阻碍，我都没有想到过放弃，一次都没有。"张冬伟深深地感到，要做事，就会遇到困难和挫折。如果一个人的意志不坚强，遇到困难轻易放弃，那么，就难以取得突破。而只有坚持到底，才有可能取得不一样的结果。在参与国内首艘 LNG 船建造时，张冬伟才 24 岁，却能够几小时不断地进行焊接。不怕困难、坚持到底的信念，让张冬伟具有了远超过其年龄的耐心和韧性，也让他在原本十分艰苦和枯燥的焊接岗位上，在发现矛盾、解决矛盾的过程中，找到了人生的乐趣，实现了自我发展。

　　张冬伟的人生经历给你怎样的启示？

✳ 矛盾是事物发展的动力

庄稼在吸收水分与挥发水分的矛盾运动中实现生长，生物是在遗传与变异的矛盾运动中发展，经济在生产与消费的矛盾运动中实现增长，社会在生产力与生产关系、经济基础与上层建筑的矛盾运动中不断进步……无论是自然界，还是人类社会，矛盾运动都通过自己的方式促进事物的发展。

你的身边还有哪些由矛盾推动事物发展的案例？请与同学分享。

🔵 生活中处处有矛盾

👥 各抒己见

楚人有鬻盾与矛者，誉之曰："吾盾之坚，物莫能陷也。"又誉其矛曰："吾矛之利，于物无不陷也。"或曰："以子之矛陷子之盾，何如？"其人弗能应也。夫不可陷之盾与无不陷之矛，不可同世而立……矛盾之说也。

该寓言所说的矛盾与唯物辩证法所讲的矛盾是一回事吗？为什么？

楚人既认为自己的"矛"无坚不摧，又认为自己的"盾"牢不可破，二者相互抵触，不可能同时成立，因此，是一种逻辑矛盾。逻辑矛盾与辩证矛盾是两个不同的概念。所谓逻辑矛盾，是指人们在思维过程中违反逻辑规则所造成的矛盾，它是思维过程中的自相矛盾，表现为在思考问题时首尾不一致，在同一关系下对同一事物做出两个相反的论断。辩证矛盾是事物本身固有的对立统一关系。任何科学的认识都要求排除逻辑矛盾，任何科学的认识都应当研究对象本身固有的辩证矛盾。就本来的意义来说，辩证法就是研究对象本身矛盾的。

所谓矛盾，就是指事物内部诸要素或事物之间对立和统一的关系。矛盾即对立统一，是对立面的统一。统一性与斗争性是矛盾的两个基本属性。中国古代哲学家早已意识到，万物"无独必有对"，而且"独中又自有对"。"一物两体""相反相成""一分为二""合二而一"等，都是中国古代哲学对矛盾观念的深刻理解和表述。古希腊哲学家赫拉克利特提出："统一物是由两个对立面组成的。"德国古典哲学家黑格尔明确提出，矛盾是一切事物的本质、存在的根据和发展的动力。马克思则在批判改造黑格尔唯心辩证法的基础上创立了唯物辩证法，从而使"矛盾"成为一个科学的概念。

我们不仅生活在一个充满矛盾的世界中，而且生活本身就充满矛盾。矛盾是客观存在的，处处有矛盾、时时有矛盾。矛盾存在于一切事物之中，存在于一切事物的发展过程中。生物运动中的遗传与变异，化学运动中的分解与化合，物理运动中的阴电与阳电，机械运动中的吸引与排斥，乃至社会生活中人们之间不同意见之争等，都属于矛盾。

但是，"看到"矛盾与理解矛盾，知道常识与运用辩证思维却有区别。"看到"、知道树叶有正面有背面，电有阳电有阴电，原子有化合有分解，人有悲欢离合……这是常识。可从中引出"万物莫不有对"，引出"一阴一阳之谓道""一阖一辟谓之变"，提炼出"矛盾"概念，概括出对立统一规律，并运用矛盾学说分析问题、解决问题，这是辩证法的智慧。因此，我们应当学习哲学，学会辩证思维。

建设社会主义和谐社会就要正确地认识和处理矛盾，不断地化解矛盾，使矛盾双方在一定的条件下达到统一。正如习近平总书记所说，"和谐，从本义上解释，是指矛盾着的双方在一定条件下达到统一而出现的状态。在这种状态下，自然界内部、人与人、人与社会、人与自然之间以及社会内部诸要素之间实现均衡、稳定、有序，相互依存，共生共荣。这是一种动态中的平衡、发展中的协调、进取中的有度、多元中的一致、'纷乱'中的有序"。

名 人 名 言

统一物之分为两个部分以及对它的矛盾着的部分的认识，是辩证法的实质。

——列宁

不同的事物有不同的矛盾

"百里而异习，千里而殊俗。"不同的事物有不同的矛盾，不同的矛盾有不同的特点。这就是矛盾的特殊性。

首先，每一事物的矛盾都有其特殊性，这种特殊的矛盾构成了一事物区别于他事物的特殊本质。认识矛盾的特殊性是认识事物的基础。不研究事物矛盾的特殊性，就无法确定事物的特殊本质，无法发现事物变化的特殊原因，无法把握事物发展的特殊规律，也就无法正确地认识事物、合理地改造事物。矛盾的特殊性决定了矛盾解决方法的特殊性，我们只能用不同的方法去解决不同的矛盾。

其次，每一事物的发展过程及其不同阶段的矛盾都有其特殊性，这种特殊性是由事物内部的根本矛盾及其特殊性所决定的；同时，在事物发展过程中，为根本矛盾所规定的大大小小的矛盾，有的暂时或局部地解决了，有的激化或缓和了，有的新矛盾又发生了，因此，事物发展过程就显现出阶段性。我们每一个人在青年阶段面临的矛盾，肯定不同于少年阶段面临的矛盾，将来在中年阶段面临的矛盾又会不同于青年阶段面临的矛盾，如此种种。如果不注意不同阶段的特殊矛盾，用过去的经验解决现在的问题，就会让发展受挫，甚至会失败。

再次，每一事物中的矛盾及其不同方面的地位都有其特殊性。事物往往不是由单一矛盾构成的，而是一个由多种矛盾构成的矛盾系统。在矛盾系统中，有主要矛盾与次要矛盾，所谓主要矛盾，是指在矛盾体系中居于支配地位、对事物的发展起决定作用的矛盾，其他处于从属地位、对事物的发展不起决定作用的矛盾就是次要矛盾。在每一对矛盾中，有处于支配地位、起着主导作用的矛盾的主要方面，有处于被支配地位、不起主导作用的矛盾的次要方面。事物的性质是由主要矛盾的主要方面所规定的。

名 人 名 言

士别三日，
即更刮目相待。

——《三国志》

把矛盾普遍性与特殊性、共性与个性的关系原理运用于实际活动中，就是具体问题具体分析。坚持具体问题具体分析，就要一切以时间、地点、条件为转移。时间不同了，地点不同了，条件不同了，解决问题的方法也必然不同。随着时空条件的变化，事物总会呈现出新的特点。看似相同的矛盾，出现在不同的时空条件下，解决的办法亦不尽相同；看似有效的方法，置于不同的时空环境下，不一定能发挥同等的效用；看似已经解决了的矛盾，在变换了的时空中，有可能"复活"。社会发展、人生发展中的矛盾和问题，既可能是新的矛盾和问题，也可能是重复出现的老矛盾和老问题。但是，这种重复往往是形式上的重复，内容上则是新的，因而必须采取新的具体的办法来解决。矛盾的普遍性与特殊性、共性与个性的辩证法，是建设中国特色社会主义的哲学基础。我们想问题、办事情、做决策，必须一切以时间、地点、条件为转移，坚持"入山问樵、入水问渔"，牢牢把握矛盾的共性与个性这一精髓。不懂得这一点，就等于抛弃了辩证法。

各抒己见

华佗是东汉名医。有一次官吏倪寻和李延感到头痛发热，他们一定都找华佗看病。华佗诊断病情后，给倪寻开了泻药，给李延开了发汗药。两人感到奇怪，问华佗为什么同样的病用不同的药。华佗说，倪寻的病是由内部伤食引起的，李延是因为外感风寒而引起的。病因不同，治疗方法也不一样。他们回去后按药方服药，第二天病都好了。

这就是"对症下药"的故事。你能用矛盾的观点来解释华佗如此治病的原因吗？

矛盾是事物发展的根本动力

矛盾有两种基本属性，即同一性与对立性。矛盾的同一性，又称统一性，是指矛盾双方相互依存、相互贯通以及相互转化趋势的属性。矛盾的对立性，又称斗争性，是指矛盾双方相互制约、相互排斥的属性。

矛盾的同一性，即统一性是事物存在的前提，正是同一性使矛盾双方能够在一定的条件下相互依存、共同发展。矛盾同一性使事物处于相对稳定、暂时平衡的状态，并表明特定事物在一定条件下、一定时间内的存在具有正当性、合理性。我们不能任意破坏事物的稳定方面，不能随意否定仍有发展余地的事物。

矛盾的对立性，即斗争性离不开同一性，同时又在破坏着同一性。矛盾的统一体受到特定条件的限制，只有当某种特定条件具备时，矛盾双方才能处于一个统一体中，具有同一性；矛盾的对立性既受特定条件的限制，同时又能打破这种特定条件的限制，从而打破矛盾双方相互依存的状态。习近平总书记指出："社会是在矛盾运动中前进的，有矛盾就会有斗争。"在事物的量变过程中，斗争性推动矛盾双方力量的变化；在事物的质变过程中，当矛盾双方力量的变化沿着各自的方向达到极限时，只有斗争才能打破这个极限，旧的矛盾统一体破裂，新的矛盾统一体产生，即新事物代替旧事物。

总之，矛盾同一性与斗争性相互作用构成了一切事物的矛盾运动，从根本上推动着事物的发展。换言之，一切发展都是矛盾运动的"杰作"，矛盾是事物发展的根本动力。事物运动变化发展的秘密，就在矛盾同一性与斗争性的相互作用中。

✳ 矛盾是人生发展的动力

在学习和生活中，我们常常会遇到这样一些矛盾：一是学与玩之间的矛盾，学习是学生的天职，玩耍是青少年的天性，二者对学生的发展都很重要，但往往不能同时兼顾；二是课堂学习与课外学习之间的矛盾，课堂学习是获得知识、培养技能的主要途径，课外学习是开阔视野、发展自我的重要手段，二者对学生成长都很重要，但经常会顾此失彼；三是知识学习与艺术素养培育之间的矛盾，学习科学知识很重要，提高艺术素养也很重要，但在时间和精力有限的情况下又不得不有所取舍。

你的学习与生活中有这些矛盾吗？如有，你是怎么处理的？这些矛盾的处理对你的人生发展有何作用？

用矛盾的观点看待人生

矛盾离我们的生活并不遥远，生活中处处有矛盾：美与丑、善与恶、福与祸、荣与辱、成与败、生与死……利益与风险并存，机遇与挑战同在……生活中处处存在矛盾，要求我们要用矛盾的观点看待人生，坚持矛盾分析法，善于发现矛盾、解决矛盾。处理这些矛盾的过程也就是人生发展的过程。

各抒己见

挫折既是人生路上的"绊脚石"，又是前进路上的"垫脚石"。这句话你怎么看？我们应该如何看待生活中遇到的困难和挫折？

在发现矛盾、解决矛盾的过程中，我们尤其要注意主要矛盾与次要矛盾的关系。主要矛盾决定次要矛盾的性质和变化，次要矛盾影响主要矛盾的状况和变化；在一定的条件下，主要矛盾与次要矛盾又会相互转化，或者原有的主要矛盾本身发生变化。当前，我国社会的主要矛盾已发生变化。习近平总书记指出："我国社会主要矛盾已经转化为人民日益增长的美好生活需要和不平衡不充分的发展之间的矛盾。"这一社会主要矛盾的变化是关系整个社会的历史性变化，标志着中国特色社会主义进入新时代。在这个新时代，我们在继续推动发展的基础上，着力解决好发展不平衡不充分的问题。

在人生的不同阶段，我们也应注意主要矛盾与次要矛盾的关系。在人生的不同阶段，我们往往面临着多种矛盾，这就需要我们发现和解决主要矛盾。抓住了主要矛盾，问题就会迎刃而解。不懂得这种方法，不去寻找主要矛盾，就会如堕烟海，不能解决问题。"一着不慎，满盘皆输"，说的就是抓主要矛盾、抓重点的道理；"眉毛胡子一把抓"，批评的就是不分主次、不论轻重、不顾缓急的方法。这种方法表面上面面俱到，实际上顾此失彼。

名人名言

天下之至柔，
驰骋天下之至坚。
——《道德经》

因此，我们不仅要用矛盾的观点看待社会与人生，而且要把握主要矛盾与次要矛盾的辩证关系，把握"重点论"和"两点论"的关系，学会抓重点，尤其在人生的转折关头，更要善于发现和解决主要矛盾，恰当地处理次要矛盾。我们应以积极的态度对待人生中的矛盾，在发现矛盾、解决矛盾的过程中实现自我超越、自我发展。

正确理解内因与外因的关系

要理解事物的自我运动、自我变化、自我发展，理解人生的自我变化、自我超越、自我发展，还需要正确理解内因与外因的关系。

内因即内部矛盾，是事物内部各要素之间的对立统一关系；外因即外部矛盾，是事物与事物之间的对立统一关系。内因是事物自我运动、自我变化、自我发展的源泉，规定着事物的本质和发展方向。事物的运动本质上是事物的自我运动、自我变化、自我发展。外因影响事物的状况和发展进程。内因是事物变化的根据，外因是事物变化的条件。外因通过内因起作用，通过加强或削弱内因的某一方面、某种要素影响事物的发展，或加快事物的发展，或阻碍事物的发展。

在人生发展过程中，我们要正确处理内因与外因的关系。每个人的一生中都会遇到各种各样的矛盾，解决矛盾固然离不开外因，需要外部条件，但重要的是，要改变内因，改变内部条件，不断改善自己的知识结构，提高解决问题的能力，并以此为基础改变、创造外部条件，从而抓住机遇，发展自己。

我们应当明白，内因的发展离不开外因，但外因又有时效性，即特定的外因总是在特定的条件下存在的，离开了特定的条件就没有特定的外因。"机不可失，时不再来"，讲的就是这个道理。要实现自我超越、自我发展，就必须发挥自觉能动性，主动、及时地抓住时机，即抓住有利的外部条件。时机，要靠自己抓住；命运，要靠自己把握；未来，要靠自己开拓。

改造客观世界与改造主观世界

　　每个人都有自己的主观世界，同时又生活在客观世界之中。所谓客观世界，是指"物质的、可以感知的世界"，是人的意识活动之外的一切客观存在的事物；主观世界则是指人的意识、观念世界，是人的头脑反映和把握物质世界的精神活动的总和。人的欲求、情感、意志、目的、观念、信念等，都是主观世界的不同表现形式。

点击链接

　　改造主观世界，就是使自己的世界观更加符合客观世界，从而更好地实现改造客观世界的目的。人们在改造客观世界的同时，不断遇到新事物、新矛盾、新问题。要不断地认识新事物，发现新矛盾、解决新问题，就需要不断地改造自己的主观世界，提高改造客观世界的能力，从而实现促进客观世界不断发展和人自身不断完善的双重目的。

　　客观世界不会自动满足人的需要，人要满足自己的需要，实现自己的目的，就必须改造客观世界。这就是主观世界与客观世界的根本矛盾。正因如此，才产生了改造客观世界的问题。主观世界不是脱离客观世界而独立存在的实体，从根本上说，主观世界是对客观世界的反映，本质上是被人脑所反映并改造、转化为观念形式的客观世界，在内容上源于客观世界。因此，客观世界变化了，人的主观世界也应变化，以适应变化了的世界。正因如此，又产生了改造主观世界的问题。

各抒己见

　　既然客观世界存在着不以人的意志为转移的客观规律，人的各种努力都是无用的，于是，也就只能消极无为了。

　　既然人有认识、把握和运用客观规律的能力，那只要充分发挥人的主观能动性，就可以完全实现人生的目的和理想。

　　你觉得这两种说法对吗？谈谈你认为正确的做法。

改造客观世界离不开认识客观世界，因为客观世界有着自己的结构和发展规律，人们只有正确认识、把握和运用这种客观规律，才能成功地改造客观世界。要成功地改造客观世界，就要改造主观世界，提高自己的认识能力，不断深化对客观世界的认识，从而在深度和广度上不断改造客观世界。正是在实践活动中，客观世界被反映到人的头脑中，并转化为观念形式，成为主观世界的一部分；正是在实践活动中，主观世界，尤其是理想的存在又转化为现实的存在，成为客观世界的一部分，主观世界与客观世界由此不断更新着自己的内容。因此，我们必须把握改造客观世界与改造主观世界的辩证关系，从而实现促进客观世界不断发展和人自身不断完善的双重目的。

人生感悟

金兴安从小是孤儿，在乡亲们的资助养育下成长为作家。金兴安说："在我小时候，乡亲们也是在饥荒当中，但他们没有遗弃我，把我收养起来。我是吃百家饭、穿百家衣长大的孩子。从那个时候起，在我幼小的心灵里就埋下了感恩的种子，发誓长大一定要回报他们。"为了感谢家乡父老乡亲的养育之恩，2004年7月，金兴安用自己多年积蓄和藏书，在家乡定远县创建了安徽省第一家农家书屋。为了书屋的发展，金兴安四处奔波。他的这种感恩乡亲的美好愿景和坚韧不拔的毅力感动了很多人，很多作家纷纷向书屋捐书。农家书屋以"背靠学校，面向社会"为宗旨，先后被授予"全国示范农家书屋""民族精神代代传·省少先队教育基地"等称号。

书屋丰富了学生的课外生活、丰富了农民的文化生活，还带动了当地乡风民风的改观。金兴安获中央电视台"身边感动人物"荣誉称号，获得"中国好人"等多项殊荣。

金兴安的事迹对你有哪些启示？

要点提示

矛盾是事物发展的根本动力

矛盾具有特殊性

坚持矛盾分析法

具体问题具体分析

正确理解内因与外因的关系

正确理解改造客观世界与改造主观世界的关系

体验与探究

1. 对"改造客观世界与改造主观世界的关系"这个问题的理解,有三种观点:

   一是"实践改造客观世界,学习改造主观世界";

   二是"学习是为了改造客观世界,实践是为了改造主观世界";

   三是"改造客观世界与改造主观世界是统一的,既离不开实践,也离不开学习"。

   请你对以上三种观点予以分析。

2. 俗话说:"失败是成功之母。"请你运用矛盾双方在一定条件下可相互转化的哲学原理,谈谈你的理解。

3. 围绕"中国特色社会主义进入新时代,我国社会主要矛盾已经转化为人民日益增长的美好生活需要和不平衡不充分的发展之间的矛盾"这一判断,组织一次课内演讲比赛。

坚持实践与认识的统一 提高人生发展的能力

　　人的认识是从天上掉下来的吗？不是。是人生来就有的吗？也不是。时代是思想之母，实践是理论之源。人的认识是在实践中形成和发展的，是在实践的基础上从感性认识到理性认识，再从理性认识到实践的发展过程。实践永无止境，认识也永无止境。我们要在实践活动和认识过程中掌握科学的思维方法，提高明辨是非的能力，自觉培养创新意识。

知行统一与体验成功

　　人的成长离不开对自然、社会和自我的认识，而认识归根结底是在实践中产生和发展起来的。实践是认识产生的基础，是认识发展的动力，是检验真理的唯一标准。实践又是主观见之于客观的活动，是在理论指导下的活动，我们只有在科学的理论指导下积极参加社会实践，才能不断提高实践水平和认识能力，体验到成功的快乐。

他山之石

　　1989 年，19 岁的郑久强从某技工学校毕业后，来到某钢铁股份有限公司，成为一名转炉炼钢工人。当时，目测钢水温度是炼钢的最关键技术之一。为了练好这项技术，郑久强一方面细心观察老工人的一招一式，虚心请教；另一方面研读炼钢书籍，并在实践中摸索。郑久强把全部精力都投入工作和学习中，不仅注意总结冶炼操作法，而且注重实践升华。他撰写的《磁选钢渣在 150 吨转炉冶炼上的应用》《转炉炼钢的脱硫》等论文在同行业中引起了较大的反响。许多单位按照郑久强提出的理论进行实践后，都不同程度地提高了工作效率。2002 年，全国冶金系统炼钢职业技能大赛举行，经过严格的理论考试和实际操作，郑久强以总分第一的成绩成为全国炼钢状元，被媒体誉为"华夏第一炼钢工"。

郑久强的事迹对你学习专业知识、掌握专业技能有什么启示？

✳ 在实践中寻求真知

战国时，赵国名将赵奢的儿子赵括自小爱读兵书，谈起用兵之道滔滔不绝，连他的父亲也难不倒他，他也自以为天下无敌。后来，秦国进攻赵国，赵王派赵括代替老将廉颇为大将军。赵括来到前线长平，先将原有的纪律和规定全部更改，并撤换、重新安排军官，后又冒险出击秦军，被秦军包围了 40 多天，以致粮草断绝，军心涣散。赵括带着一队人马想冲出重围，结果中箭而死，几十万赵军也全军覆没。这个故事即成语"纸上谈兵"的来源。

谈谈"纸上谈兵"的故事对你采取人生行动有什么样的启发。

✿ 实践的三种基本形式

实践是人们能动地改造世界的活动，是人所特有的创造性活动。实践包括物质生产活动、改造社会活动和科学实验活动。其中，物质生产活动是根本的实践活动，它不断地创造着人类生存和发展的根本条件，构成了人的存在方式。

首先，实践是客观的物质的活动。实践是以客观事物为改造对象的活动，是人运用自身的力量，并借助物质工具改造物质对象的物质活动，因而具有直接的现实性。"画饼"是不能"充饥"的。

其次，实践是自觉的能动的活动。与动物的本能活动不同，人的实践活动是有目的的活动，而且这个目的在实践过程开始时，就在实践者的头脑中以观念的形式存在着，并经过实践转化为现实的存在。可见，实践活动的物质性不同于自然运动的物质性。

纯粹的自然运动不存在目的性这个因素，人的实践活动则包含着目的性。正是在目的性的引导下，人的实践活动成为自觉的能动的活动，并且使目的在实践过程结束时转化为外部的现实的客观实在。

再次，实践是社会的历史的活动。人们只有结成一定的社会关系，才能形成同自然力量相作用的社会力量；个人也只有凭借社会力量才能从事改造自然、改造社会的实践活动。同时，实践又是在历史中不断变化发展的。

实践是认识的来源、动力和目的

在实践过程中，人与自然、人与社会不仅结成了一定的实践关系，而且形成了一定的认识关系。从根本上说，认识是在实践的基础上主体（认识者）对客体（认识对象）的能动反映。

各抒己见

材料一：西汉刘向《说苑·政理》有言："耳闻之不如目见之，目见之不如足践之，足践之不如手辨之。"

材料二：李时珍用曼陀罗泡酒，亲口品尝，乃至精神恍惚，失去知觉，最终认识到这种植物的麻醉药性。

通过以上两组材料，你想到了什么？

首先，实践是认识的来源。人是在实践活动中通过感官接触事物的现象，并透过现象发现和认识事物本质的。就人类认识而言，认识来源于实践；就个人认识来说，大部分知识来自间接经验，不需要也不可能事事都直接体验。但是，对你是间接经验，对他人可能是直接经验。所以，人类的一切知识归根结底源于实践活动。"不登高山，不知天之高也；不临深溪，不知地之厚也"。

其次，实践是认识发展的动力。实践的需要推动认识的发展，并且为认识的发展提供了日益完备的认识工具，在广度和深度上不断推动认识的发展。认识层次的深化、认识广度的拓展和认识形式的改变，归根结底都取决于实践发展的需要。正如恩格斯所说："社会一旦有了技术上的需要，这种需要就会比十所大学更能把科学推向前进。"

再次，实践是检验认识真理性的标准。真理的本性是主观和客观相符合。认识是不是真理，只有在实践活动中才能得到检验。实践能够把主观的东西变成客观的东西，从而使人的认识与认识指导下的结果进行对照。

从感性认识到理性认识

在认识活动中，人们首先通过自己的感觉器官以及认识工具，形成对外部世界的直接反映，形成感性认识。感性认识是对事物的现象、外部联系的认识，是认识过程的初级阶段。理性认识是认识过程的高级阶段，是人们借助抽象思维对感性认识所提供的材料进行加工、整理、概括而形成的关于事物的本质、内部联系的认识。

各抒己见

有人说：太阳早晨离人近而中午离人远。理由是：太阳早晨刚出来时看起来大，而中午时看起来小，这正符合近大远小的原理。

有人说：太阳早晨离人远而中午离人近。理由是：一般情况下，早晨时天气凉，而中午时天气热，这正符合近热远凉的原理。

对同一事物却有两种不同的判断，你怎么看待这种现象？这对你认识事物有哪些启示？

感性认识与理性认识是相互区别的。感性认识不同于理性认识，理性认识也不同于感性认识。感性认识是理性认识的前提，为理性认识提供鲜活、生动的感性材料；理性认识是感性认识的深化和升华，是通过概念、判断和推理形成的关于事物的本质和规律的认识。例如，许多天文现象，如流星雨、日全食、日偏食等，都可以借助观测仪器直接观察到，这些属于感性认识，但要想了解产生这些天文现象的原因，进而把握它们的变化规律，就必须借助抽象思维，形成理性认识。

感性认识与理性认识又是相互联系的，没有纯粹的感性认识，也没有纯粹的理性认识，对事物的感觉与对事物的理解总是相互渗透、相互制约的。具体的认识主体的知识背景、思维方式、价值观念和社会关系影响着感性认识。荀子所说的，"心不使焉，则白黑在前而目不见，雷鼓在侧而耳不闻"，讲的就是这个道理。马克思所说的，"忧心忡忡的穷人甚至对最美丽的景色都没有什么感觉；贩卖矿物的商人只看到矿物的商业价值，而看不到矿物的美和特性；他没有矿物学的感觉"，对于没有音乐感的耳朵来说，最美的音乐也毫无意义，讲的也是这个道理。

从感性认识到理性认识，是认识过程的一次飞跃。实现这一飞跃，必须具备两个条件：一是深入实践活动，尽可能地占有客观而丰富的感性材料，这是实现由感性认识上升到理性认识的前提和基础；二是运用科学的思维方法对感性材料进行加工，"去粗取精、去伪存真、由此及彼、由表及里"，从而发现事物的本质，把握事物的规律，即达到理性认识。

点击链接

16 世纪，为了认识行星运动的规律，丹麦天文学家第谷经过长年累月的观察，积累了既丰富又准确的观测数据。后来，开普勒仔细研究了第谷留下的观测资料，经过多年的计算，终于发现了行星运动的三大定律。在开普勒研究的基础上，牛顿又进行了深入探索，发现了万有引力定律。

名 人 名 言

实践、认识、再实
践、再认识，这种形
式，循环往复以至无
穷，而实践和认识之
每一循环的内容，都
比较地进到了高一级
的程度。

——毛泽东

从感性认识到理性认识是认识过程的一次飞跃，但认识过程到此并没有完成，理性认识还需要回到实践活动中接受检验，并实现思维向存在、精神向物质、理论向现实的转变。这是认识过程中更为重要的飞跃。从实践到认识和从认识再到实践，是认识客观实在的完整过程。实践、认识、再实践、再认识，如此循环往复，不断发展，实践永无止境，认识也就永无止境。正是在这个过程中，人们不断发现和发展了真理。

在实践中检验和发展真理

在人类的认识活动和实践活动中，真理问题至关重要。亚里士多德的名言"吾爱吾师，吾更爱真理"，体现了追求真理的崇高精神。夏明翰的著名诗句"砍头不要紧，只要主义真"，体现了追求真理的意志、决心和大无畏的精神。

真理就是认识符合实际的真实道理，其实质就是指对客观事物及其规律的正确反映，不以任何阶级、任何个人的意志、愿望、要求为转移。在这个意义上，凡是真理都是客观的，具有客观性。这同时表明，真理具有绝对性。所谓真理的绝对性，就是指任何真理都标志着主观与客观的符合，都包含着不以任何人意志为转移的客观内容，都同谬误有原则的界限。真理只能发展而不可能被推翻，这一点是绝对的。真理又具有相对性。真理的相对性是指人们在一定条件下对客观事物及其规律的认识总是有局限的、相对的。任何真理都有自己特定的对象、适用范围和存在条件。如果超出了这些对象、范围和条件，就像列宁说的那样，"只要再多走一小步，看来像是朝同一方向多走了一小步，真理就会变成错误"。

点击链接

　　三角形内角之和等于 180°，这是古希腊数学家欧几里得提出的定理。在此之后的 2000 多年里，人们一直把它当作任何条件下都适用的真理。随着航海事业的发展和人们对于球面认识的不断深入，这一定理的局限性逐渐暴露出来。19 世纪初，俄国数学家罗巴切夫斯基提出：在凹曲面上，三角形内角之和小于 180°。随后，德国数学家黎曼提出：在球形凸面上，三角形内角之和大于 180°。由此，人们对于空间的观念发生了革命性的转变。

　　一个认识是不是真理，要靠实践检验，实践是检验真理的唯一标准。实践之所以能够成为检验真理的唯一标准，是由真理的本性和实践的特点所决定的。

　　真理是主观同客观相符合的认识。要判明主观同客观是否符合，只停留在主观范围内是无法解决的，认识本身不能成为检验真理的标准；客观世界本身也不能充当检验真理的标准，因为作为认识对象的客观事物不会也不可能回答人的认识是否同它相符合的问题。因此，认识本身和认识对象都不能充当检验真理的标准。唯一能够充当检验认识的真理性标准的，只能是把主观与客观联系和沟通起来的桥梁、纽带，只能是主观与客观间的"交错点"，这就是人的实践活动。

　　实践是主观见之于客观的活动。实践既同人的主观活动相联系，又能够超越主观活动，使人的主观认识客观化为现实存在，从而检验主观认识是否正确地反映了客观事物。一般说来，如果一种认识通过实践达到预期目的，就证明主观符合客观，证明这个认识是真理；如果没有达到预期目的，甚至带来负面效果，就证明主观与客观不相符合，证明这个认识是谬误。人们通过多次的实践活动，不仅能满足自己的需要和利益，而且能检验自己的思想和观念是否符合客观事物及其规律。只有实践才能证实或证伪理论，理论则不能证实或证伪自身。实践是检验真理的唯一标准。习近平总书记指出："不论过去、现在和将来，我们都要坚持一切从实际出发，理论联系实际，在实践中检验和发展真理。"

名 人 名 言

人的思维是否具有客观的真理性，这不是一个理论的问题，而是一个实践的问题。人应该在实践中证明自己思维的真理性。

——马克思

✳ 在实践中快乐成长

在洗、切、炒的实践中收获荣誉

在沏、泡的实践中练就茶艺绝活

在画、裁、缝的实践中体验快乐

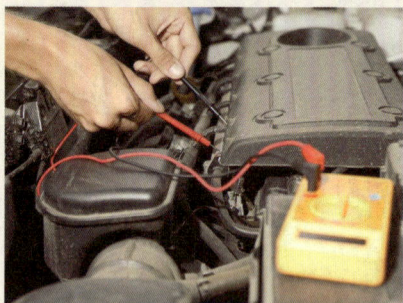

在诊断、修理汽车的实践中成长

图片中的主人公都是中职学校的学生，他们通过实践获得了属于自己的快乐与成长。请结合上述图片呈现的内容和自身的实际，谈谈实践在个人成长中的作用。

🔬 人的能力在实践中形成和发展

实践不仅是人的认识的来源，而且是人的能力形成和发展的基础。人要实现什么，就要先获得"实现什么"的能力，如同只有下到水中才能学会游泳，并不断地提高游泳能力一样。我们只有把书本知识应用到现实的实践中，才能使"死知识"转变为自身的"活能力"。

动物的生命活动是以生物"复制"的遗传方式延续其种类的，人的生命活动是以社会的遗传方式延续其种类的。人是生物遗传和社会遗传的统一。人的能力都是在社会中形成和发展的，是以实践活动为基础的。

对于人而言，每一种能力的形成和发展，归根结底都离不开实践。在物质生产中，我们不断地形成和发展着改造自然的能力；在社会活动中，我们不断地形成和发展着改造社会的能力；在科学实验中，我们不断地形成和发展着认识自然的能力；在日常生活中，我们不断地形成和发展着与他人交往的能力；在实际工作中，我们不断地形成和发展着实际操作的能力。

总之，人的各种能力的形成和发展都来自实践。人在改变外部环境的同时，也在改变着自身能力。这是同一个过程的两个方面。

实践需要理论指导

理论不仅反映客观世界，而且为人们实际改造客观世界明确了方向，提供了蓝图，并指导了实践，因而在一定意义上创造了客观世界。与动物的活动不同，人的活动是有意识的活动，是在理论指导下的活动。正是在指导实践活动的过程中，理论对客观世界产生了实际作用。

点击链接

党的十八大以来，以习近平总书记为核心的党中央带领全党全国各族人民朝着实现"两个一百年"奋斗目标，实现中华民族伟大复兴的中国梦奋勇前进，取得改革开放和社会主义现代化建设的历史性成就，推动党和国家事业发生了历史性变革。习近平新时代中国特色社会主义思想，集中体现了我们党理论创新和实践创新的最新成果。实践充分证明，党的十八大以来，党和国家各项事业之所以取得历史性成就，发生历史性变革，根本就在于以习近平同志为核心的党中央的坚强领导，根本就在于习近平新时代中国特色社会主义思想的科学指导。

实践离不开理论的指导，只有自觉接受科学的理论指导，实践活动才能顺利进行。科学的理论同客观事物及其规律相符合，是对事物的理性认识，因而对实践具有指导作用，是实践成功的必备条件之一。列宁说过，"没有革命的理论，就不会有革命的运动"。同样，没有科学的理论，就不会有科学的实践。我国的三峡大坝、青藏铁路等特大工程在动工之前都进行了严格的科学论证，都是在科学理论的指导下进行的。

点击链接

党的十九届四中全会指出：必须坚持以马克思列宁主义、毛泽东思想、邓小平理论、"三个代表"重要思想、科学发展观、习近平新时代中国特色社会主义思想为指导，增强"四个意识"，坚定"四个自信"，做到"两个维护"，坚持党的领导、人民当家作主、依法治国有机统一，坚持解放思想、实事求是，坚持改革创新，突出坚持和完善支撑中国特色社会主义制度的根本制度、基本制度、重要制度，着力固根基、扬优势、补短板、强弱项，构建系统完备、科学规范、运行有效的制度体系，加强系统治理、依法治理、综合治理、源头治理，把我国的制度优势更好地转化为国家治理效能，为实现"两个一百年"奋斗目标、实现中华民族伟大复兴的中国梦提供有力保证。

离开了实践的理论是空洞的，离开了理论指导的实践是盲目的。盲目的实践犹如"盲人骑瞎马，夜半临深池"，鲁莽不可取，只有在科学理论的指导下，我们的实践才会成功。

在知与行的统一中体验成功的快乐

实践出真知，实践又需要真知的指导。成功是认识与实践的统一，即知与行的统一。人是"以行而求知，因知以进行"，"行其所不知以致其所知"，"因其已知而更进于行"。只有在知与行的统一中，我们才能不断提高自身的能力，才能在为社会做出贡献的同时实现自身的价值。

名 人 名 言

知之愈明，
则行之愈笃；
行之愈笃，
则知之益明。

——朱熹

就个人而言，其价值包括自我价值和社会价值。自我价值是个人及其活动对自身的意义；社会价值是个人及其活动对社会的意义。个人的自我价值要通过社会价值来表现和实现，个人只有通过对社会的贡献才能体现自己的人生意义。人的一切都是由人自己来实现的。人能够把客观事物提供的可能性转化为自己的需求和目的，然后通过社会实践去实现这一目的，这就是成功。在知与行的统一、个人与社会的统一中，我们不仅能实现个人的社会价值，而且能实现个人的自我价值。这是一种真正的成功。

成功不是无源之水，它来源于我们刻苦的学习、艰辛的实践。在这一过程中，挫折、失误甚至失败都难以避免。但是，"失败是成功之母"。只有经过实践的检验，我们才能知道自己认识的局限，才能知道自己能力的不足，才能将失败的教训转化为成功的助力。"知行并进而有功。"我们只有正确理解和把握认识与实践、知与行的关系，善于聆听时代声音，勇于坚持真理、修正错误，才能科学而有效地从事实践活动，才能在实践中体会到成功的快乐。

人生感悟

　　1987 年，杨红雷从某技工学校毕业后成为某铝业公司的一名电焊工。焊接工作被称为是"费力不露脸"的工种。然而，正是在这一技术含量较高、文化层次普遍较低的领域，杨红雷在学好理论知识的同时，勤学苦练，勇于实践，用科学手段攻克难关，有效解决了带磁焊接的技术难题。杨红雷把全部心血都倾注于工作当中，把全部精力都放在了那一根根焊条上，并以过硬的技术获得了全国技术能手的光荣称号。

杨红雷的事迹对你有哪些启示？

要点提示

实践是认识的来源、动力和检验真理的标准

认识的过程是在实践的基础上从感性认识到理性认识，再从理性认识到实践的过程

人的认识能力是在实践中形成和发展的

只有正确理解和把握知与行的关系，我们才能体验成功的快乐

体验与探究

1. 《本草纲目》是我国明代医药学家李时珍花费了巨大精力写成的科学巨著。在写作过程中，他不仅阅读了 800 多部书籍，积累了上千万字的札记材料，而且历尽千辛万苦，亲自采集药物标本，收集民间单方、验方。全书共收集药物 1892 种，药方 11 000 多个。52 卷的皇皇巨著，就是他自己通过实践和学习日积月累辛苦写就的。因此，李时珍被后人尊称为"药神"。"药神"成功的事例，体现了认识的过程是怎样的？

2. 说说你是怎么理解"实践是检验真理的唯一标准"这句话的。

3. 以"投身实践，体验成功"为主题，召开一次主题班会。

第 8 课
现象本质与明辨是非

我们每天所见的是异彩纷呈的现象世界。多种多样的现象的背后，是事物的本质。现象与本质既相互区别又相互联系。本质决定现象，现象表现本质。透过现象认识本质是认识事物的根本方法。我们要自觉地辨别事物的现象与本质，学会区分真相、假象和错觉，提高自己明辨是非的能力。

他山之石

1934 年 11 月，中央红军突破了国民党军二道封锁线，陆续到达湖南汝城县文明圩。三位疲惫的女红军战士住在沙洲村村边的徐解秀家里。徐解秀家非常贫穷，只有一张楠竹做成的床架，床上垫着稻草，铺着破席子。女红军战士在急行军时只带了一床棉被。女主人和三位女红军战士挤在床上，合盖一床棉被；男主人就睡在门口的草堆上守护着她们。几天后，女红军战士要继续行军了，她们决定把唯一的棉被留下，但徐解秀夫妇怎么也不接受，一路"争执"到村口。这时，一位女红军战士摸出剪刀，把这床被子剪成两半，留下半床给徐解秀夫妇。她对徐解秀说，等革命成功以后，一定要送你一床完整的新棉被。女红军战士把唯一的棉被剪半床送给老百姓是一个现象，反映的是军民鱼水情深，共产党心中有老百姓的本质特征。

请从现象与本质关系的角度，谈谈你对这个事例的看法。

✳ 把握事物的本质

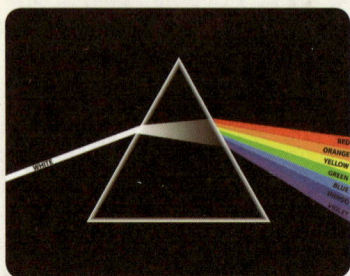

只要留心观察和分析，在生活中，可以时时、处处体会到本质与现象的辩证关系。例如，我们看到的赤橙黄绿青蓝紫等颜色，它们在本质上是由电磁波的频率决定的；市场上商品价格上下浮动的现象，它们在本质上是由价值规律决定的……

你还能列举出身边的有关现象与本质关系的事例吗？

👥 现象与本质

如前所述，认识首先是在实践的基础上从感性认识到理性认识的过程，而认识之所以要经历从感性认识到理性认识这两个阶段，是同现象与本质的关系密切相关的。

所谓现象，是指事物的表面特征和外部联系。人们对事物的认识只能从现象开始，首先把握事物的外在形式，由此形成的认识就是感性认识。

本质则是指事物的根本性质，是构成事物的基本要素之间的内在联系。本质反映事物的根本性质和内在联系。它是由事物本身所固有的特殊矛盾所决定的，是一事物区别于他事物的内在根据。要真正认识某一事物，归根结底就是认识这一事物的本质，而认识了事物的本质就达到了理性认识。换言之，感性认识处于认识事物现象的阶段，理性认识处于把握事物本质的阶段。

👥 现象与本质的关系

现象与本质是相互区别的。现象不同于本质，本质也不同于现象，现象是事物的表面特征和外部联系，表现于"外"，可以被人们的感官直接感知，本质则是事物的根本性质和内在联系，深藏于"内"，只有通过抽象思维才能把握；现象是个别的、具体的、多样的，本质则是同类现象中一般的、抽象的、统一的；现象多变易逝，本质则相对稳定。

点击链接

太湖蓝藻暴发

蓝藻是最原始、最古老的藻类植物之一。营养丰富的水体可促使蓝藻大量繁殖，导致水面上形成一层蓝绿色的、带有腥臭味的浮沫。有些蓝藻还会产生毒素，加剧水质恶化，对鱼类等水生动物甚至人均有很大危害。2007年五六月间的太湖蓝藻暴发，正是因为生活和工业污水过多地注入太湖，加之天气炎热，致使湖水富营养化，蓝藻大量繁殖所致。太湖蓝藻暴发，实质上是由于人们的不当行为造成了太湖污染，其根源在岸上。

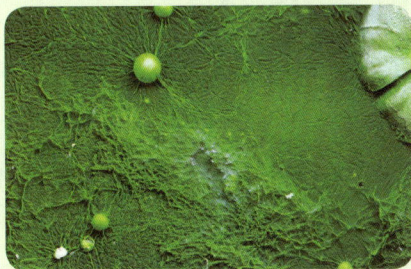

本质与现象又是相互联系的。现象是本质的表现，本质是现象存在的根据；本质只有通过现象才能表现出来，从而为我们所感知和认识。任何事物都是本质与现象的统一，反过来说，本质与现象统一于同一个事物之中，不表现任何本质的现象和不表现为任何现象的本质，都是不存在的。换言之，既没有脱离本质的纯粹的现象，也没有脱离现象而孤立存在的本质。

透过现象认识本质

现象无论以什么样的形式出现，都是从某个特定的方面表现事物本质的。即使对同一个事物，如果从不同角度观察，这一事物也会呈现出不同的现象。现象无论怎么变化，都是以事物的本质的联系即规律为内在依据的，如太阳东升西落、月亮有圆有缺的现象，是由天体运行规律决定的。

现象与本质的区别和对立，决定了科学研究的必要性，正如马克思所说，"如果事物的表现形式和事物的本质会直接合而为一，一切科学就都成为多余的了"；现象与本质的联系和统一，决定了科学研究的可能性，所有科学研究的任务，就在于透过现象把握本质。

各抒己见

有人说：通过具体现象可以完全了解事物的本质。

有人说：有的现象反映事物的本质，有的现象未必反映事物的本质。

你赞成这两种观点吗？为什么？

透过现象认识本质是认识事物的根本方法。现象是认识事物的起点，我们能够通过自己的感觉器官或借助不同的认识工具认识现象。但是，认识不能止步于现象，必须对现象做出科学分析，从而认识和把握事物的本质。正如毛泽东所说，"我们看事情必须要看它的实质，而把它的现象只看作入门的向导，一进了门就要抓住它的实质，这才是可靠的科学的分析方法"。

点击链接

中国共产党领导是中国特色社会主义最本质的特征，是中国特色社会主义制度的最大优势。党是最高政治领导力量，必须坚持党政军民学、东西南北中，党是领导一切的。坚决维护党中央权威，健全总揽全局、协调各方的党的领导制度体系，把党的领导落实到国家治理各领域各方面各环节。

✳ 提高辨别是非的能力

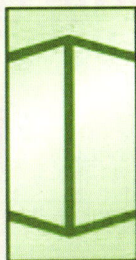

两幅图中的竖线是否一样长?

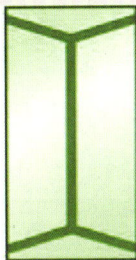

图中的线条都是弯曲的吗?

图中的横线是直的还是斜的?

图中的数字是立体的吗?

此处所给出的四张图片可能会引起人们的某些错觉,根据图下的提示,谈谈你的判断并与同学交流。

🔬 真相、假象、错觉

现象有真相与假象之分。真相是以真实的、直接的、肯定的形式反映事物本质的现象;假象则是以虚假的、歪曲的、否定的形式反映事物本质的现象。尽管假象是一种与本质对立的最为明显、最为突出的现象,但它也是由本质所决定的,同样是事物本质的表现。

这就是说,尽管真相与假象在表现事物本质的方式上相互对立,但它们都是客观的现象。假象也有客观依据,但对于认识事物的本质来说，假象则具有迷惑性、欺骗性。例如，生活中的"变酒"魔术，魔术师"变来"的酒并非魔术师凭空"变来"；自然现象中的海市蜃楼，并非是云中真有楼。

与真相、假象不同，错觉由主观的幻想、臆想造成。它产生于主体内部，是虚幻的主观现象，并没有真实地反映实际存在的事物。例如，"一朝被蛇咬，十年怕井绳"，心理上的恐惧使得一根草绳被歪曲地表现为一条毒蛇，这就是错觉。在一定意义上说，错觉是主体自身的"无中生有"或"照猫画虎"。如果在错觉的基础上进行认识，最终将一无所获。

识别假象，明辨是非

假象之所以会产生，一方面是因为人们的感觉器官受到生理条件局限性的限制，受到认识工具局限性的限制；另一方面是因为事物本质本身有一个形成和逐步展开的过程，本质的暴露也需要一个过程。实践与认识的辩证关系启示我们，应该在实践的基础上不断提高自己的认识能力，分清真相与假象。

假象具有迷惑性，它有时只从一个特定的侧面表现事物，有时只从一个特定的阶段表现事物，却给人一种全面的、整体的印象。假象以虚假的形式，歪曲地体现了事物的本质。如果对事物的现象不加分析，分不清真相与假象，就难以把握事物的本质。

在纷繁复杂的现象面前，我们不能仅仅依据日常经验——"跟着感觉走"，更要具有批判精神和分析能力——"牵着理性的手"，分清假象与真相、分析本质与现象，从而明辨是非。

提高认识事物的能力

事物的现象有真相与假象的区别，在日常生活中我们又往往会产生错觉，这为我们透过现象认识本质，并把正确的认识应用到实践中去增加了难度。因此，我们要学会辩证思维，不断提高自己的认识能力，为明辨是非打下坚实的基础。

各抒己见

有人认为，只要掌握丰富的知识，就能把握事物的本质和规律，提高认识能力。

有人认为，只要多参加实践，就能把握事物的本质和规律，提高认识能力。

谈谈你对上述两种观点的看法。

　　首先，要提高自己的认识能力，就要积极参加实践活动。经历本身就是一笔财富。只有通过实践，才能检验自己的认识是否把握了事物的本质，才能分清真相与假象。人的认识能力只有在实践过程中才能从一种潜在的状态转变为一种现实的力量。

　　其次，要提高自己的认识能力，就要树立不断发展的观念。认识进程从个别到特殊再到一般。相对于个别，特殊就是隐藏在个别现象中的本质；相对于特殊，一般就是隐藏在特殊中的本质，认识从个别到特殊再到一般，把握事物的本质，这就是一个认识逐步深入、不断发展的过程。

　　再次，要提高自己的认识能力，就要把握辩证思维方法。辩证法本身就是方法论。我们要把辩证法转化为辩证思维方法，正确分析矛盾，在对立中把握统一，在统一中把握对立，不断提升辩证思维能力，从而不断提高认识能力。

人生感悟

　　邹忌修八尺有余，身体昳丽，朝服衣冠，窥镜，谓其妻曰："我孰与城北徐公美？"其妻曰："君美甚。徐公何能及君也！"城北徐公，齐国之美丽者也。忌不自信，而复问其妻曰："吾孰与徐公美？"妾曰："徐公何能及君也！"旦日，客从外来，与坐谈，问之客曰："吾与徐公孰美？"客曰："徐公不若君之美也！"明日，徐公来，孰视之，自以为不如；窥镜而自视，又弗如远甚。暮寝而思之，曰："吾妻之美我者，私我也；妾之美我者，畏我也；客之美我者，欲有求于我也。"

你在生活中遇到过邹忌所遇到的情形么？你应如何做才能做到明辨是非？

要点提示

事物的本质决定事物的现象
事物的现象表现事物的本质
学会透过现象认识本质
学会明辨是非

体验与探究

1. 常言道"眼见为实"，但眼睛看到的一定是"实"吗？请运用现象与本质原理分析"眼见为实"。

2. 谈一谈应如何提高自己明辨是非的能力。

3. 2014 年 5 月 4 日，习近平总书记在同北京大学师生座谈时指出："要明辨，善于明辨是非，善于决断选择。'学而不思则罔，思而不学则殆。'是非明，方向清，路子正，人们付出的辛劳才能结出果实。面对世界的深刻复杂变化，面对信息时代各种思潮的相互激荡，面对纷繁多变、鱼龙混杂、泥沙俱下的社会现象，面对学业、情感、职业选择等多方面的考量，一时有些疑惑、彷徨、失落，是正常的人生经历。关键是要学会思考、善于分析、正确抉择，做到稳重自持、从容自信、坚定自励。要树立正确的世界观、人生观、价值观，掌握了这把总钥匙，再来看看社会万象、人生历程，一切是非、正误、主次，一切真假、善恶、美丑，自然就洞若观火、清澈明了，自然就能作出正确判断、作出正确选择。正所谓'千淘万漉虽辛苦，吹尽狂沙始到金'。"

结合本课所学的哲学原理，谈谈你如何理解贯彻落实习近平总书记的这段话。

第 9 课
科学思维与创新能力

　　人的认识活动与思维方法密切相关，善于运用科学思维方法和辩证思维方法，将会提高我们的创新能力。创新是民族的灵魂，是社会发展的不竭动力。没有创新，就没有人类的发展和社会的进步。我们要学会科学思维、辩证思维，提高自己的创新能力，成为创新型人才。

他山之石

　　陶圣恩毕业于四川省绵阳市的一所中专学校。2010 年，他到某机械实业有限公司工作。可是，刚进公司，就遇到制造业的寒冬，企业经营陷入低谷。但是，他并没有选择离开公司，而是带领留下来的 13 名员工，通过改良设备来提高工作效率，帮助企业脱困。经过一次又一次的实验，2013 年，由陶圣恩牵头研发的"射芯机的砂模架"在国内同类产品中优势明显，令客户满意，订单量大增，公司逐渐走出困境。

　　从 2013 到 2016 年，陶圣恩先后获得了"射芯机的砂模架""平衡机的去重装置""风扇前壳钻孔机""风扇前壳铣床""风扇花兰的钻孔固定装置"等 23 项国家专利证书。其中，实用型专利 20 项，发明型专利 3 项。陶圣恩用创新精神、创新思维和创新行动帮助公司成功脱困，他自己也获得职业生涯的发展。

　　陶圣恩的职业经历给你怎样的启示？

✳ 培养科学的思维方法

爱因斯坦是20世纪伟大的科学家，他创造了崭新的科学思维方法。早在16岁时，爱因斯坦就了解到光是以很快速度运动的电磁波，由此他设想，如果一个人以光的速度运动，将看到什么样的世界景象？带着这个问题，爱因斯坦走上了科学探索的道路。爱因斯坦敢于质疑关于时间的传统观念，打开了通向微观世界的大门，引发了关于时间、空间、能量、光和物质这些基本概念的变革，开创了现代物理学的新纪元……爱因斯坦所有的科学成就都是建立在全新的科学思维方法的基础上的。

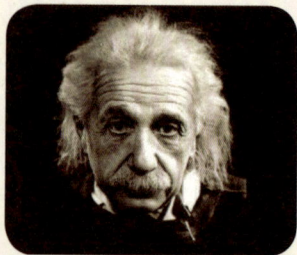

你认为科学思维方法对自己的学习和生活有什么作用？

🌸 科学思维的基本方法

科学的思维方法不同于科学思维的基本方法。前者突出思维方法的科学性，后者强调科学认识活动中的原则。

思维方法是人们通过思维活动，为了实现特定思维目的所凭借的途径、手段或办法。思维方法的科学性就在于坚持以辩证唯物主义和历史唯物主义来认识自然、社会和思维的规律。

科学思维是形成并运用于科学认识活动、对感性认识材料进行加工处理的方式与途径的理论体系。它是对各种科学的思维方法的有机整合，它是人类实践活动的产物。

因此，我们要运用科学的思维方法，在具体的科学认识活动中，遵循科学思维的基本方法，不断深化对自然、社会和思维的规律性认识。

◉ 点击链接

诺伯特·维纳是美国数学家，控制论的创始人。第二次世界大战期间，维纳接受了一项火力控制方面的研究任务。这一任务促使他在机器模拟人脑的计算功能领域进行深入探索，最终建立预测理论并将其应用于防空火力控制系统的预测装置。1948年，维纳发表《控制论》，宣告了该学科的诞生。此后，维纳继续在控制论领域做出了更多杰出的贡献，被誉为"控制论之父"。

科学思维的基本方法包括信息方法、系统方法、结构—功能方法、模型化方法。信息方法是把事物的运动过程当作信息传递和转换的过程，通过对信息流程的分析和处理，达到对事物运动规律认识的方法；系统方法是从认识单个事物进入认识事物整体的方法，整体性原则是系统方法的核心；结构—功能方法是从事物的结构和功能的视角来分析事物，从结构—功能上认识、复制和创造事物的方法；模型化方法，即模拟化方法、仿真方法，是通过设计一个与研究对象相似的模型，并通过研究模型来认识事物的方法。科学思维方法之间是相互交叉的，并且随着实践的发展而不断发展。

各抒己见

知识，只有当它靠积极的思维得来，而不是凭记忆得来的时候，才是真正的知识。

你怎样理解这句话？

科学思维方法在认识过程中的作用

科学思维方法一旦形成，就具有某种相对独立性，对人的认识活动的有序运行起着规范作用，规定着认识活动的发动、运行和转换的具体途径。

科学思维方法在认识过程中使繁杂的感性材料有序化，使之形成某种合理的联系。没有科学思维方法，我们甚至连两个最简单的事实都无法联系起来。例如，没有因果分析法，我们就无法找出"摩擦"与"生热"之间的联系。

科学思维方法以科学和动态的视角分析问题，使人们形成思维的新角度、新思路，产生认识的新领域、新层次。

各抒己见

　　春秋末期，我国有位发明家叫鲁班。相传，鲁班有一次进深山砍树，由于不小心被一种野草的叶子划破了手，鲜血直流。他摘下叶片发现，原来叶子两边长着锋利的齿。由此，鲁班受到了启发：要是有这样的齿状工具，不就能很快地锯断树木了吗？于是，经过多次试验，鲁班终于发明了锯子。这就是锯子的由来。

　　现实生活中还有很多像锯子一样的模仿自然界生物特点的发明，你能举出更多的例子吗？

辩证思维方法与科学思维方法的关系

　　辩证思维方法属于哲学思维方法，是以归纳与演绎、分析与综合为基本形式的思维方法。归纳是从个别到特殊、从特殊到一般的思维方法，演绎是从一般到特殊、从特殊到个别的思维方法。分析是把研究对象的整体分为各个部分、方面和因素的思维方法，综合则是把已有的关于研究对象各个部分、方面和因素的认识联结起来，形成对研究对象整体认识的思维方法。

　　辩证思维方法与科学思维方法属于两个不同系列的方法。辩证思维方法从普遍联系、运动发展的角度来揭示事物的关系，体现的是人类思维的一般规律；科学思维方法则是在确认普遍联系、运动发展的前提下，从某种特定的视角研究事物的关系。例如，作为一种科学思维方法，系统方法就是从系统与要素、整体与部分关系的视角揭示事物联系和发展的方法。

各抒己见

　　有人认为，科学思维方法就是辩证思维方法，辩证思维方法也要遵循科学思维方法的要求，所以，没有必要把二者分开。

　　有人认为，科学思维方法不同于辩证思维方法，但它包含了辩证思维方法。

　　你怎么看上述两种说法？

　　辩证思维方法与科学思维方法存在着密切联系。一方面，辩证思维方法是科学思维方法的前提，因为任何一种思维形式都要遵循人类思维的一般规律，而辩证思维方法体现的就是人类思维的一般规律，依据的就是事物发展的一般规律；另一方面，科学思维方法是辩证思维方法的具体化，如作为一种科学思维方法，信息方法就是把联系凸显出来，并给予这些关系以定量化的描述。

　　在科学既高度分化又高度综合的今天，科学思维与辩证思维的联系变得越来越重要。我们要善于把握科学思维方法与辩证思维方法的关系，从而不断提高创新能力。

✳ 提高创新能力

　　2022 年是中国空间站建造的决战决胜之年，也是中国载人航天工程立项实施 30 周年。建造中国空间站、建成国家太空实验室是实现载人航天工程"三步走"战略的重要标志。中国空间站从无到有，即将建成，既是我国综合国力提升的体现，也是我国创新能力不断提升的体现。

　　请通过互联网进一步了解有关中国空间站建设的相关信息，谈谈你对创新能力在人生发展中的作用的看法。

　　创新意识是创新能力的前提，创新能力又会促进创新意识的发展。人在创新实践中，既锻炼创新能力，又将零散的创新意识系统化为创新思维。

✸ 创新思维的特点

　　创新就是破除与事物发展不相适应的旧观念、旧模式、旧做法，发现事物发展进程中的新联系、新属性、新规律，创立与这一发展进程相适应的新理论、新模式、新实践。人类社会的发展过程就是推陈出新、破旧立新的创新过程。

科技创新、理论创新和制度创新是创新的基本形式。科技创新有效地发展生产力，并从根本上改变了社会的生产方式、生活方式和思维方式；理论创新有效地实现思想解放，深化和拓展人们对客观世界的认识，引导和拓展实践创新；制度创新有效地解放生产力，并激发社会活力。无论是科技创新、制度创新，还是理论创新、实践创新，都离不开创新思维。思维要创新，就要善于运用科学思维方法与辩证思维方法，包括逆向思维、发散思维、联动思维等方法。

逆向思维是按照与习惯性思维方式相反的方向进行思维，即通过反向思考，寻找解决问题的新思路。发散思维是朝着既定的目标，沿着不同的途径去思考，如以某个事物的现状为发散点，在思维中尽可能多地把该事物与其他事物组合成新事物，或者以某个事物发展的结果为发散点，在思维中推测出造成该结果的各种原因，或者由原因推测出可能产生的各种结果。联动思维就是善于利用事物之间的联动效应来认识和解决问题，"一叶知秋"就是运用联动思维的典型例子。我们要善于把这些思维方法运用到我们的学习和生活中，逐步提高我们的创新能力。

点击链接

三国时代，曹操想称一下大象的重量，便问有何办法。有人说，可以先造一杆大秤来称，曹操摇摇头——即使能造出可承受大象重量的大秤，又有谁能把它提起？另一人说，把大象宰了，切成块儿称。曹操更不同意了——他希望看到的是活着的大象。这时年方七岁的曹冲想出个好办法：把大象牵到船上，记下船边的吃水线，再把大象牵下船，换成石块装上去，等石块装船达到同一吃水线时再把石块卸下来，称出石块的总重量，就知道大象有多重了。

自觉培养创新意识

创新意识是指激发创造新观念和新事物的意识，表现为转变思维方式，突破思维定式，超越常识观念。就像雷达有其盲区一样，人的思维也有自己的盲区。在人们的日常生活中，这个思维盲区就是常识。在日常生活的范围，我们要尊重常识；在研究的领域，我们又要超越常识。科学史一再表明，人类思想的任何进步都是在突破、超越常识中实现的。因此，我们要自觉培养创新意识。

要自觉培养创新意识，就要"大胆怀疑"，具有一种积极的、健康的怀疑精神，要有求知欲，具有一种求新知的精神。马克思的女儿问马克思最喜欢的格言是什么时，马克思的回答是"怀疑一切"。

要自觉培养创新意识，就要"大胆设想"。假说或假设是科学发展的基本形式之一，许多科学发现都是建立在科学家假设的基础上的。哥白尼的"日心说"最初就是一种大胆的假说。牛顿的万有引力定律起初也是一种假设。

名 人 名 言

常识在日常应用的范围内虽然是极可尊敬的东西，但它一跨入广阔的研究领域，就会碰到极为惊人的变故。

——恩格斯

各抒己见

有人说：创新是科学家的事，与中职学生无关。

有人说：创新需要多方面的条件，中职学生根本不具备这些条件，无法创新。

请结合本课"他山之石"中的事例，谈谈你对中职学生创新的看法。

努力提高创新能力

为了提高创新能力，我们要以实践创新推动理论创新，以理论创新引导实践创新。实践发展永无止境，认识真理永无止境，理论创新永无止境。

第一，要破除迷信"经验"的惯性思维。经验来自过去的实践，能够说明过去，但未必能够说明现在和未来。过去的经验只

名人名言

一个党，一个国家，一个民族，如果一切从本本出发，思想僵化，迷信盛行，那它就不能前进，它的生机就停止了，就要亡党亡国。

——邓小平

能借鉴，不能照搬。经验主义的错误不在于重视经验，而在于固守经验，不懂得一切以时间、地点、条件为转移的辩证法，将特定时间内的经验永恒化，特定地点上的经验普遍化，特定条件下的经验绝对化，从而导致思想僵化。全面贯彻党的基本理论、基本路线、基本方略，持续推进党的理论创新、实践创新、制度创新，使一切工作顺应时代潮流、符合发展规律、体现人民愿望，是党始终走在时代前列、得到人民衷心拥护的保障。

点击链接

微软"创新杯"全球学生大赛始于2003年，旨在鼓励青年学生增强创新能力，投身科技创新。"大赛"已成为世界上规模最大的学生创新科技竞赛之一，并得到联合国教科文组织的支持。"大赛"为全球学生提供了一个激发创新能力和利用科技创新解决实际问题的平台，为全球学生展示科技创新的丰硕成果提供了合作交流的机会。中国学生从2004年开始参加"大赛"，2007年获得了4枚奖牌，2008年获得了3枚奖牌。中国学生的创新能力和杰出表现给评委和参赛的其他代表队留下了深刻的印象。

第二，要破除迷信"本本"的惯性思维。"本本"是前人和他人认识成果的记录，承载着人类的知识和智慧。但是，如果迷信"本本"，信奉"本本主义"，就会适得其反，沦为"本本"的奴隶。任何国家、任何民族、任何个人，如果一切从"本本"出发，迷信盛行，那么，其生机就停止了。

第三，要破除迷信"权威"的惯性思维。尊重权威、学习权威，站在巨人的肩上继续攀登，是提高创新能力的客观要求。但是，如果把权威视若神明，迷信权威、盲信盲从，就会堵塞创新思维的通道，成为创新的障碍。无论是从历史上看，还是从现实中看，创新往往是通过质疑权威和超越权威而实现的，而这恰恰是创新思维、创新意识、创新能力的重要体现。

人生感悟

张恒珍从兰州化工学校毕业后，被分配到某石化乙烯厂工作。刚出校门，学历低又无资历，但从不轻易服输的她并未气馁，暗下决心："既然选择了当石化工人，就要当最好的工人！"从默默无闻的中专生到"问不倒"的"活流程"，张恒珍整整花了10年。为熟练操作从国外引进的乙烯生产设备，张恒珍四处收集资料，仔细研究各种装置，把装置的性能、操作流程等都装进脑里。装置启用前，张恒珍全面掌握了这套当时国际最先进乙烯装置的生产操作法，带领团队成功开启了我国第六套乙烯装置并连续平稳运行28个月，创造了国内同类装置运行周期的最长纪录。2004年，中国石化动工建设我国首座百万吨乙烯生产基地，其中关键设备和核心技术都是国内研创并首次应用。张恒珍承担了操作这套新设备的重任。她潜心学习，参与30多项工程设计，查出制约装置安全生产的问题105项，发现影响系统开停车和装置正常运行的仪表问题556个。张恒珍因业绩突出而获得全国优秀共产党员、全国"五一"劳动奖章等荣誉称号。

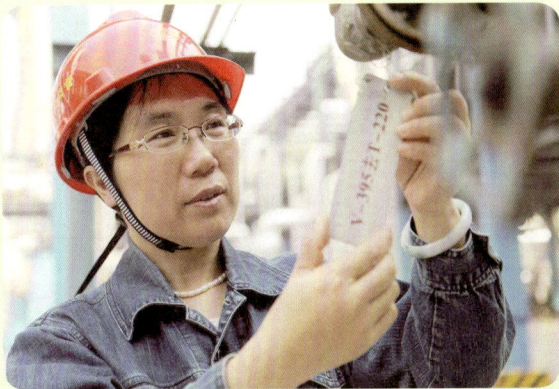

张恒珍不断创新，解决生产中的实际问题的事例对你有哪些启示？

要点提示

科学思维方法在认识过程中发挥着重要的作用

科学思维方法与辩证思维的关系

努力提高创新能力

体验与探究

1. 你如何看待科学思维方法在认识中的作用?

2. 列举一个生活或学习中运用创新思维的事例。

3. 以"科学思维、自觉创新"为主题,举行一次小型演讲比赛。

顺应社会发展规律
确立崇高人生理想

　　人活着，就要有理想。理想不是可有可无的点缀品，而是人生的支点，是人生的动力。但是，不同的人又有不同的理想：有的符合客观实际，有的流于虚幻空想；有的追求物质上的满足，有的追求精神上的欢愉；有的崇高，有的卑微……崇高的理想会使人高歌奋进，卑微的理想只能使人陷入泥淖。崇高理想的确立，需要把握社会发展规律；崇高理想的实现，需要艰辛的探索和顽强的意志。"革命理想高于天。"为崇高理想而顽强奋斗的人生，才是理想的人生。

第 10 课

历史规律与人生目标

社会不同于自然。在自然领域，一切都是无意识、盲目的动力在发生作用，任何事情的发生都没有预期的、自觉的目的。相反，在社会领域，主体是有意识、有激情，追求着某种目的的人，做任何事情都是有自觉的意图的。一次地震可能毁灭一座城市，一场战争也能毁灭一座城市，可地震就是地震，是纯粹的自然现象，在它背后没有利益诉求，没有目的；而战争则是社会现象，隐藏在战争背后的是民族或阶级的利益，是人们的某种目的。问题在于，人的活动的目的是预期的，但活动实际产生的结果未必都是预期的。人的活动的预期目的或目标能否实现，关键就在于，这一目的或目标与社会发展规律即历史规律是否一致。"顺理而举易为力，背时而动难为功。"

他山之石

孙中山是中国民主革命的伟大开拓者，留下了不可磨灭的功勋。他以"世界潮流，浩浩荡荡，顺之则昌，逆之则亡"为自己的座右铭，强调要"内审中国之情势，外察世界之潮流，兼收众长，益以新创"。因此，在提出三民主义之后，孙中山审时度势，毅然实行"联俄、联共、扶助农工"的三大政策，赋予三民主义思想以新的内涵。孙中山顺应历史规律而动，获得了成功。

孙中山的事例对你确立人生目标有哪些启示？

☀ 历史规律的特点

辛亥革命是一次反帝反封建的资产阶级民主革命，推翻了清王朝，结束了封建专制制度，建立了资产阶级共和国。但是，辛亥革命的成果被袁世凯所窃取。1915年年底，袁世凯改"中华民国"为"中华帝国"，复辟帝制，并准备在1916年元旦登基，年号"洪宪"。袁世凯倒行逆施的行为，遭到举国反对。1916年3月，袁世凯被迫取消帝制。

袁世凯复辟帝制失败的事例说明了什么道理？

🌿 社会发展是有规律的

人们一般都承认自然规律，因为人们在自然界中看到的是事物的重复性：日月运行、春去秋来、花开花落……然而，人们往往怀疑甚至否定历史规律，因为人们在历史中看到的是事物的单一性：法国大革命、美国独立战争、中国辛亥革命……历史事件以及历史人物都是独一无二、不可重复的。

可是，这种种不可重复的历史事件的背后却存在着可重复的历史规律。作为历史事件，戊戌变法是独一无二的，但作为历史现象，改良、改革在古今中外的历史上并不罕见；作为历史事件，法国大革命是独一无二的，但作为历史现象，资产阶级革命在近现代历史上却重复出现；作为历史人物，罗伯斯庇尔、林肯、孙中山是独一无二的，但作为历史现象，时势造英雄却不断重演。这表明，历史中同样存在着只要具备一定的条件就会重复起作用的客观规律。

人是历史的"剧作者"，人们自己创造自己的历史。物质生产是历史的发源地，历史规律不仅实现于人的活动之中，而且形成于人的活动之中；人又是历史的"剧中人"，人们不能随心所欲地创造历史，既不能自由地选择自己的社会关系，也不能人为地消除历史规律，相反，社会关系决定着人的现实本质，历史规律决定着社会的发展趋势和总体进程。历史规律的特殊性就在于，它形成于人的活动之中，但又不以人的意志为转移，并反过来制约着人的活动，决定着人类社会的发展趋势和总体进程。

🌟 社会发展的基本规律

人们在物质生产活动中不仅创造了生产力，而且形成了同生产力相适应的生产关系，即人与人之间的经济关系。生产关系直接决定着社会的政治关系和意识形态。生产关系的总和构成了社会的经济基础，政治关系和意识形态构成了社会的上层建筑。生产力与生产关系、经济基础与上层建筑的矛盾构成了社会的基本矛盾，二者的矛盾运动形成了社会发展的基本规律，即生产关系一定要适合生产力状况的规律，上层建筑一定要适合经济基础状况的规律。

生产关系一定要适合生产力状况的规律首先表现为生产力的性质决定生产关系的性质，生产力的发展决定生产关系的变革。马克思所说的"手工磨产生的是封建主为首的社会，蒸汽磨产生的是工业资本家为首的社会"，讲的就是这个道理。其次表现为生产关系反作用于生产力。当生产关系适合生产力的发展要求时，它就会推动生产力的发展；当生产关系不适合生产力的发展要求时，它就会阻碍生产力的发展。当不变革旧的生产关系，生产力就不能继续发展时，生产关系对生产力的巨大反作用就会异乎寻常地表现出来。在这种情况下，只有变革生产关系，才能解放生产力，发展生产力。

上层建筑一定要适合经济基础状况的规律首先表现为经济基础决定上层建筑，有什么样的经济基础就会有什么样的上层建筑。其次表现为上层建筑对经济基础具有反作用。上层建筑适合经济基础的状况时，会促进经济基础的巩固和完善；上层建筑不适合经济基础的状况时，则会阻碍经济基础的发展和变革。

各抒己见

　　1978 年以前，安徽省凤阳县小岗村是有名的"吃粮靠返销、用钱靠救济、生产靠贷款"的"三靠村"，每年秋收后几乎家家外出讨饭。要闯出一条活路来，就必须改变原有的"人民公社"体制。在村会计家，18 条汉子聚在一起，商量向上级要求分田到户，并在一纸"生死契约"上写下姓名、按下手印。正是这张"契约"，揭开了我国农村联产承包和大包干改革的序幕。"分田到户"的第一年，小岗村就创造了奇迹，粮食总产 6 万多千克，相当于过去 5 年的总和。"大包干，保证国家的，留足集体的，剩下都是自己的"，揭开了中国农村改革的序幕。

　　结合社会发展的基本规律和小岗村"大包干"前后的巨变，谈谈中国改革开放的必然性。

社会主义社会发展的直接动力是改革

　　社会基本矛盾在社会发展的不同历史阶段、不同社会条件下，其表现形式、解决方法也是不同的。在存在阶级对立的社会，社会基本矛盾主要表现为阶级矛盾和阶级斗争，阶级斗争是阶级社会发展的直接动力。马克思形象地指出："革命是历史的火车头。"在消灭了剥削阶级和剥削制度的社会主义社会，生产关系同生产力、上层建筑同经济基础之间是基本适应的，但基本适应不是完全适应，更不是永远适应。生产力发展到一定程度必然要求改革生产关系（经济基础）、上层建筑。改革是社会主义社会发展的直接动力。

　　当代中国的改革是通过变革体制进一步完善社会主义制度的。其一，历史已经并正在证明，只有社会主义才能救中国，只有社会主义才能发展中国。其二，当代中国的改革是建立充满活力的社会主义市场经济体制，从而为中国经济发展开辟广阔的空间。其三，当代中国的改革是社会生活的全面变革，不仅在人们的生存方式、生产方式、生活方式、思维方式等方面引起了重大变化，而且在经济体制、政治体制、文化体制、社会体制、生态文明体制等方面引起重大变化，是辐射到全部社会生活的变革。

习近平总书记指出："只有把生产力和生产关系的矛盾运动同经济基础和上层建筑的矛盾运动结合起来考察，把社会基本矛盾作为一个整体来观察，才能全面把握整个社会的基本面貌和发展方向。坚持和发展中国特色社会主义，必须不断适应生产力发展调整生产关系，不断适应经济基础发展完善上层建筑。我们提出进行全面深化改革，就是要适应我国社会基本矛盾运动的变化来推进社会发展。"改革是一个国家、一个民族的生存发展之道，是决定当代中国命运的关键抉择，我们必须全面深化改革，改革只有"进行时"没有"完成时"。

点击链接

公有制为主体、多种所有制经济共同发展，按劳分配为主体、多种分配方式并存，社会主义市场经济体制等社会主义基本经济制度，既体现了社会主义制度的优越性，又同我国社会主义初级阶段社会生产力发展水平相适应，是党和人民的伟大创造。

✳ 把握历史规律与确定人生目标

发生在 1919 年的五四运动，是一次伟大的反帝反封建运动和思想解放运动，也是中国思想史、文化史和政治史的一条分界线，标志着中国民主革命进入一个崭新的阶段。经过五四运动的锤炼，一大批知识分子接受了马克思列宁主义，顺应了社会发展规律，改变了自

己的人生道路，确立了为民族独立、人民解放和国家富强而奋斗的人生目标，并积极投身到革命实践中，逐步成长为中国革命和建设的中流砥柱。

从五四先驱们走上革命道路的事例中，你认为应如何处理社会发展规律与人生目标的关系？

历史发展规律影响着人生目标的确定。人生目标的确定应遵循历史规律且符合社会发展的要求。只有认清历史发展规律，从社会的实际出发，才能真正确定个人发展方向和人生目标。符合历史规律、与社会发展方向一致的人生目标，才能顺利实现，进而促进社会的发展。

社会发展与人的发展

劳动创造了人和人类社会。人的形成与社会的产生是一致的，既不存在脱离人的社会，也不存在脱离社会的人。人的本质是社会关系的总和，人是在社会中生存和发展的，社会发展必然促进人的发展。

社会发展又不是外在于人的活动的纯粹物质运动，而是人的活动过程，人们自己创造自己的历史。人们之所以要改造社会、创造历史，就是为了改变自己的生存状态，使自己的本质力量得以充分发展，从而进一步推进社会发展。毛泽东说过，"没有几万万人民的个性解放和个性的发展……要想在殖民地半殖民地的废墟上建立起社会主义社会来，那只是完全的空想"。

社会的发展与人的发展是同一个过程的两个方面。人是社会的主体，社会的发展依赖于人的发展、蕴含着人的发展，并为人的进一步发展创造条件；人的发展又不断地为社会发展提出新的目标，并以更强的主体能力和更合理的实践推动社会发展。人的发展是社会发展的根本目的，社会发展的所有成就最终要通过人的发展来体现。

各抒己见

甲：社会发展与人的发展是相互统一、相互促进的。

乙：社会发展为人的发展创造条件，故社会发展应先于人的发展。

丙：人是社会的主体，社会发展依赖于人的发展，故人的发展应先于社会发展。

请谈谈你对甲、乙、丙观点的看法。

社会发展的必然性与偶然性

社会发展过程中存在着必然性。社会发展的必然性，即历史必然性并不神秘，它是一定历史条件下的一种发展趋势。"势"是必然性的外在表现。社会发展的"势"是逐步形成的，一旦形成，就不可阻挡，在社会发展过程中必然性居于支配地位，决定着社会发展的方向。

点击链接

任何一个历史人物的产生都是时代造就的，也就是我们常说的"时势造英雄"。孙中山领导中国旧民主主义革命，毛泽东开辟中国新民主主义革命的道路，邓小平开辟中国特色社会主义的道路，之所以能取得成功，归根结底是因为顺应了历史必然性，顺应了时代需要和人民愿望。

社会发展过程中又存在着偶然性。偶然性对社会发展进程起着加速或延缓的作用，并使具体的历史事件具有自己的特性。马克思指出："如果'偶然性'不起任何作用的话，那么世界历史就会带有非常神秘的性质。这些偶然性本身自然纳入总的发展过程中，并且为其他偶然性所补偿。但是，发展的加速和延缓在很大程度上是取决于这些'偶然性'的，其中也包括一开始就站在运动最前面的那些人物的性格这样一种'偶然情况'。"社会发展总是通过大量的偶然性表现出来的。偶然性为必然性的实现开辟道路；偶然性中又蕴含着必然性，凡是偶然性起引发作用的地方，总有必然性在起决定作用。

在研究历史时，有的人总是不顾及历史必然性而沉湎于"如果……就……"的假言判断中。在他们看来，如果没有列宁，就不会有俄国的十月革命；如果戊戌变法成功了，中国就不会如此落后……然而，历史运动有其内在规律，并不以"如果……就……"的公式为转移。实际上，在历史研究中，"如果……就……"的论断是永远不能被验证的，因而是没有科学意义的。

在把握历史规律的基础上确立人生目标

社会发展有其规律性，但社会发展规律即历史规律不能直接决定人的行为，直接决定人的行为的是人的利益、动机和目的。问题在于，人的目的能否实现，归根结底又取决于这种目的是否符合历史规律。这就要求我们要正确认识历史规律与人生目标的关系，在了解、把握历史规律的基础上，正确地确定自己活动的目的，确立自己的人生目标。

各抒己见

秦灭六国，结束了春秋以来 500 余年的诸侯割据纷争的战乱局面，建立了中国历史上第一个中央集权的统一的封建帝国——秦朝。秦朝的统一，从客观上讲，是当时社会发展的需要，而秦始皇顺应社会发展的规律，并以当时秦国军事、经济、政治上的优势为基础，将历史的可能性变成了现实性。

结合上述事例，谈谈你对"时势造英雄"和"英雄造时势"的看法。

个人活动与社会发展是相互制约的关系：一方面，社会发展不可能脱离人的活动，社会发展规律即历史规律是在无数个人活动中生成的，个人活动形成一种历史"合力"，每个人的活动都在不同程度上影响历史；另一方面，个人活动受到历史规律的制约，当个人活动符合历史规律时，就能推动社会发展，反之，就会阻碍社会发展。个人活动对社会发展的作用有大小之分、正负之别。人的活动有目的，但目的并不等于规律；社会发展有规律，但社会本身没有目的。社会发展是人们不断修正自己的目的，使目的更接近现实并不断转化为现实的过程。

因此，社会发展规律即历史规律是正确确定自己的活动目的、确立自己人生目标的客观依据。没有反映、体现历史规律的人生目标，是不能实现的空想、幻想甚至臆想。我们要在认识和把握历史规律的基础上确立自己的人生目标，在推动社会发展的过程中实现个人发展。

名人名言

人们自己创造自己的历史，但是他们并不是随心所欲地创造，并不是在他们自己选定的条件下创造，而是在直接碰到的、既定的、从过去承继下来的条件下创造。

——马克思

人生感悟

命运无轨道

徐文华是天津市河北区环卫局一名工作了近 30 年的环卫工人。1988 年，徐文华高考落榜后，选择了就业。1989 年，徐文华来到天津，成为河北区环卫局的一名临时工。当时，徐文华负责的区域主要是胡同平房和老旧居民楼，夏天的垃圾异常腥臭，他不怕脏、不怕累，每天都把所负责的区域清理得干干净净。一起来工作的年轻人相继离开了，而徐文华选择了坚持。2008 年，徐文华从保洁队转到扫道队，很快就成为骨干。他的工作态度和工作成效深受好评，"幸运"也接踵而来。2008 年，他成为首位落户天津的农民工，申请到一套廉租房，进入天津大学网络教育学院学习。2012 年，他当选党的十八大代表。2013 年，他获得了全国"五一"劳动奖章。徐文华在作报告时说："我只是一个普通的农民工，感谢时代，让我通过自己的劳动实现了人生价值；感谢党，让我找到了奋斗的方向。'不忘初心，继续前进'就是我内心最想说的话。"

徐文华的经历对你有哪些启示？

要点提示

社会发展的基本规律

社会发展的必然性与偶然性

社会主义社会发展的直接动力

遵循历史规律与确立人生目标

体验与探究

1. 社会发展规律的特点是什么？

2. 同是黄埔军校的徐向前和胡宗南走上了不同的道路，有着不同的命运。结合人生目标的选择，谈谈这两人的结果为什么截然相反。每个人的人生目标都不同，如何才能使自己的人生目标与社会发展的目标相一致？

3. 结合本课内容举办一次关于"人生目标"的主题班会。

第 11 课
个人理想与社会理想

　　理想对于个人的成长极其重要，人们正是在确立和实现自己理想的过程中呈现自身的价值和意义的。理想如大海中的航标，指引人生前进的方向；如闪亮的灯塔，照亮人生前进的航程。我们要正确理解和处理理想与现实、个人理想与社会理想的关系，在实现社会理想的同时实现个人理想。

他山之石

　　在 2016 年里约奥运会上，中国女排首战不利，以总比分 2∶3 输于荷兰；在赢下意大利队、波多黎各队后，又以 0∶3 惨败塞尔维亚队、1∶3 输给美国队。虽是跌跌撞撞小组出线，但女排姑娘奥运争冠的理想尚在，她们咬牙坚持，一场一场、一分一分地去拼淘汰赛。先后赢下巴西队、荷兰队和塞尔维亚队，最终站上了里约奥运会的最高领奖台。女排姑娘在里约实现了自己的理想、团队的理想，也实现了全社会希望女排夺冠的社会理想。

　　习近平总书记在会见第 31 届奥运会中国体育代表团成员时说："中国女排不畏强手、英勇顽强，打出了风格、打出了水平，时隔 12 年再夺奥运金牌，充分展现了女排精神，全国人民都很振奋。"习近平总书记的讲话道出了女排精神历久弥新的原因所在。女排精神成为凝心聚力的巨大精神力量，激励我们以强大自信心投身改革开放和社会主义现代化建设。

　　女排姑娘很好地实现了个人理想、团队理想和社会理想，从她们在里约奥运会的成功经历中，你学到了什么？

✳ 个人理想与社会理想的关系

2012 年 11 月 29 日，习近平总书记在国家博物馆参观"复兴之路"展览时，阐释了"中国梦"："大家都在讨论中国梦。我认为，实现中华民族伟大复兴，就是中华民族近代以来最伟大的梦想。"中国梦既是中华民族的梦，也是每一个中国人的梦。中国梦的实现需要我们坚定理想信念，把个人理想融入社会理想，从而为实现中华民族伟大复兴的中国梦而努力奋斗。

谈谈中国梦与我们的使命。说说你自己的中国梦是什么。

🔬 个人理想的特点和作用

理想是人们在自己的活动中形成、同奋斗目标相联系的对美好未来的向往与追求。对个人而言，理想又有个人理想与社会理想之分。个人理想是指个人对自己未来的向往和设想，包括个人的生活理想、职业理想和道德理想。人生理想不同于理想人生。人生理想确立的是人生目标，理想人生是客观的人生历程。人们只能确立人生理想，但无法肯定自己的人生一定是理想的人生。对我们每一个人来说，重要的不是追求理想人生，而是确立正确的人生理想。一个正确的理想就是人生的航标与灯塔，始终指引前进的方向，即使风云变幻，仍然有方向、有动力。

👥 各抒己见

"我的理想是毕业两年后买一辆小轿车，天天开车上下班。"

"我的理想是找到一份专业对口、收入不错的工作。"

"我的理想是成为一个人人喜欢、人人需要、受人尊重的人。"

这些想法分别属于什么理想？谈谈你的生活理想和职业理想。

个人理想不同于空想、幻想。个人理想不是凭空产生的，而是在现实生活中形成的。因此，确定个人理想时要立足社会的实际以及个人的实际。同时，个人理想具有超越性，即个人理想是在对现实认识的基础上，对未来的更高目标的追求。个人理想源于对现实的思考，是比现实更高远、更美好的目标，具有明显的超前性。正是由于不满足于现实，人们才有理想、有追求，才会为美好的未来而奋斗。

各抒己见

《庄子》中有这样一则寓言：朱泙漫总想练就一身绝技。他听说有个叫支离益的人擅长屠龙之术，便赶去拜支离益为师。朱泙漫苦学三年，耗尽千金的家产也在所不惜，终于学成。他本希望凭此杀尽天下害龙，显姓扬名。然而，世间哪有龙可杀？其所谓的一身绝技，最终也没有任何用武之地。

朱泙漫的理想是"杀尽天下害龙，显姓扬名"。可是，事实却不尽如他所愿，屠龙之技无实际用途。

朱泙漫失败的原因是什么？我们在设立目标的时候应该注意些什么呢？

首先，个人理想是前进方向。一个人要是没有理想，生活不仅会迷失方向，而且会黯淡无光。从古至今，成功者都是在理想的指引下到达成功彼岸的。

其次，个人理想是精神支柱。一个人有了精神支柱，就会激发起为理想而奋斗的勇气和毅力，无论在顺境还是在逆境中，都会矢志不渝、勇往直前。

再次，个人理想是成功动力。古往今来，凡是为人类进步事业做出贡献的人，都被崇高的理想所鼓舞、所激励。理想是人生力量的源泉。

名 人 名 言

如果能追随理想而生活，本着真正自由的精神，勇往直前的毅力，诚实不自欺的思想而行，则定能至于至善至美的境地。

——居里夫人

社会理想的特点和作用

社会理想就是人们对未来社会，包括经济生活、政治结构以及文化发展的要求和设想，体现着绝大多数人对未来美好社会的向往和憧憬。任何一个民族、任何一个国家都有自己的社会理想。社会理想为民族、国家指明了前进方向和奋斗目标。不同的社会理想体现了不同的民族、国家对美好社会的向往和追求。

　　人们的社会理想又是随着社会的变化而变化的。在不同的社会，在同一社会的不同阶段，人们都会产生不同的社会理想。"大同社会"曾经就是中华民族的社会理想。现阶段我国各族人民共同的社会理想就是全面建成小康社会，把我国建设成为富强民主文明和谐美丽的社会主义现代化强国。习近平总书记指出：实现全面建成小康社会，建成富强民主文明和谐美丽的社会主义现代化强国的奋斗目标，实现中华民族伟大复兴的中国梦，就是要实现国家富强、民族振兴、人民幸福，既深深体现了今天中国人的理想，也深深反映了我们先人们不懈追求进步的光荣传统。

　　社会理想是人们团结奋斗的思想前提，是社会进步的精神力量。一个民族、一个国家，有了共同的社会理想，就能统一思想，凝聚力量。正是这种强大的向心力和凝聚力，使中华民族百折不挠，在磨难中前进，在奋斗中发展。中国共产党将带领中国人民，为实现远大共产主义理想和中国特色社会主义共同理想，为实现中华民族伟大复兴的中国梦，为推动构建人类命运共同体而继续努力奋斗。

把个人理想融入社会理想之中

　　在人的各种理想中，最重要的是社会理想。道家的理想是成为真人、至人，儒家的理想是成为仁人、圣人，二者强调的都是个人修养。我们倡导的中国特色社会主义的共同理想，强调的是在确立个人理想时，要把个人理想融入社会理想，从而在实现社会理想的过程中实现个人理想。

　　社会理想制约着个人理想。人是社会的人，个人理想的实现除了主观努力外，更重要的，是取决于他所生活于其中的社会环境，受制于社会理想。同时，个人理想体现着社会理想。社会理想是大多数社会成员个人理想的概括和升华。社会理想不排斥个人理想，如果没有绝大多数社会成员个人理想的实现，社会理想就会变成空想。

点击链接

1988 年，19 岁的邓建军从江苏省常州轻工业学校毕业，成为某公司的工人，开始了他的人生理想追求。10 多年间，他成功研发 15 项世界纺织前沿技术，独立完成 145 个技改项目，先后获得全国技术能手、全国青年岗位能手、全国"五一"劳动奖章等荣誉称号和奖章。当别人问他成功心得时，他说："一个人的发展离不开一个平台，只有把个人的成长和单位的目标统一起来，才能达到双赢的目的。"在入党申请书上，他写道："自身价值的实现总是和企业和国家联系在一起的。"有追求就有理想。当你失败时，理想能够给你以希望，让你百折不挠；当你成功时，理想能够指引方向，让你百尺竿头更进一步。

个人理想只有同国家的前途、民族的命运相结合，个人的向往和追求只有同社会的需要和人民的利益相一致，才是有意义的。历史上国富民强的经验和国破家亡的教训都说明了这一点。我们应坚持用共产主义远大理想和中国特色社会主义共同理想凝聚全党、团结人民，用习近平新时代中国特色社会主义思想武装全党，教育人民，指导工作、学习和生活。如果一个人不顾自身所处时代的发展趋势，脱离国家和民族的发展需要，一切以自我为中心，把个人理想等同于个人奋斗，那么，不仅他的人生价值取向是错误的，而且这种个人理想的追求也是不可能实现的。我们只有把个人理想融入社会理想中，在实现社会理想的过程中才能实现个人理想。

✳ 在推动社会发展的过程中实现个人理想

钱学森是著名科学家，为我国火箭、导弹和航天事业的创建与发展做出了卓越的贡献。钱学森早年到美国留学深造，功成名就。但是，丰厚的生活待遇、优越的科研条件并没有留住他，报效祖国的信念使他冲破美国当局的重重阻挠，历尽艰辛回到祖国。为了祖国的国防事业，他倾其所学、殚精竭虑，在推动祖国国防事业的发展中实现了他个人的理想。钱学森是中国知识分子的典范。

我们应向钱学森学习什么？我们应如何踏着时代的节拍，与时俱进，实现自己的人生理想？

🔆 正确处理理想与现实的矛盾

人们在确立理想和追求理想的过程中，常常会感受到理想与现实的矛盾。理想源于现实，任何理想都是一定的历史条件和社会关系的产物。理想又高于现实，是比现实更美好的目标，对人们的行动产生巨大的鼓舞作用，同时，又需要人们付出艰辛的劳动才能实现。

🎯 点击链接

纵观人类历史，凡有成就者，必有高风亮节。马克思就是在他一生中最贫困潦倒的时期写成《资本论》的。他在 1852 年 2 月给恩格斯的一封信中写道："一个星期以来，我已达到非常痛快的地步：因为外衣进了当铺，我不能再出门，因为不让赊账，我不能再吃肉。"即使这样，马克思也没有屈服，没有停止工作。不畏艰难困苦，只为主义真，这就是无产阶级革命家的气节。

理想总是真、善、美的统一，而现实中既有真、善、美的一面，又存在假、恶、丑的现象。理想与现实的这种矛盾推动人们去改造现实，实现理想。通过实践活动，过去的理想变成今天的现实，今天的理想转化为明天的现实。理想的实现就是对现实的超越。正是这种超越，使社会不断进步，个人不断成长。

我们要把理想建立在现实的基础上；同时，我们又不能把理想与现实等同起来。理想不等于现实，现实也不同于理想，现实中总是存在着一些不合理的事情。如果背对现实，理想就会变成永远可望而不可即的海市蜃楼。

理想是在不断改变现实的过程中实现的。共产主义既是理想，又存在于现实之中，我们正在进行的改革开放和现代化建设，就是为了实现中华民族的伟大复兴，就是为了不断推进社会主义的发展，从而实现共产主义的理想。建设中国特色社会主义的实践就处在实现共产主义理想的历史进程中。

各抒己见

马书青是河南某煤业（集团）有限公司某煤矿澡堂女工。马书青1992年从技校毕业，2000年开始参加自学考试，先后取得大学专科、本科文凭；2009年考入山西师范大学，最终取得硕士文凭。从决定参加自学考试时开始，马书青就明白了一个道理："时间是挤出来的。"马书青是矿区起床最早的人。每天凌晨四点，当大家还沉睡在梦里时，她家的灯准时亮起，一个身影趴在书桌前开始为理想而奋斗。马书青把学习当成一种生活方式，用挤出来的时间圆了积压在她心头十几年的"大学梦"，以顽强的意志、不言放弃的毅力和坚持不懈的努力，演绎了当代女工的励志故事。

马书青是如何处理理想与现实的矛盾的？从她身上你学到了什么？

在社会发展中规划个人发展

任何个人总是处在一定的社会关系中，要实现自己的理想，就必须处理好社会发展与个人发展的关系。在社会发展与个人发展的关系中，社会发展为个人发展提供物质的、精神的条件，并从根本上决定个人发展；个人发展既体现着社会发展，又是推动社会发展的内在动力。

在个人发展的过程中，我们需要制订一系列的具体目标，在实现一个个具体目标的过程中实现自己的理想，求得个人发展。在确立人生目标和规划个人发展时，要把自己的长远目标和阶段目标结合起来，当一个具体目标完成后应总结经验，设定下一个具体目标。人的一生既有阶段性，又有连续性，而连接阶段性的就是一个个具体的发展目标。

在个人发展的过程中，我们应根据社会发展规划个人发展，使个人发展与社会发展同步。当前，我国正处于全面深化改革的时期，各行各业的发展不仅需要科学家、工程师和经营管理人才，而且需要高技能人才和高素质劳动者，特别是现代制造业、现代服务业领域的高素质、高技能的人才。作为中职生，我们应当通过学习和实践成为社会发展需要的高素质、高技能人才，成为"大国工匠"。

积极创造实现个人理想的条件

　　理想之花灿烂，理想之果甘美，但要使理想开花结果，就必须用辛勤的汗水来浇灌。要实现个人理想，不仅需要社会提供条件，还需要个人积极创造实现个人理想的自身条件。

　　志存高远，坚定自己的理想信念。青年要坚定理想信念，志存高远，脚踏实地，勇做时代的弄潮儿，在实现中国梦的生动实践中放飞青春梦想，在为人民利益的不懈奋斗中书写人生华章。我们要从现在做起，从小事做起，把志存高远和脚踏实地有机结合起来，向着青春梦想而努力前行。

　　努力学习，提高自己的职业素养。要把学习基础文化课程和专业课程结合起来，为实现理想奠定坚实的基础。同时，作为未来的职业人，职业素养必然要在未来的职业活动中发挥重要作用，因此，要不断提高和完善自己的职业素养。

　　积累经验，提高自己的专业技能。社会发展需要大量的技术技能人才，熟练掌握专业技能是对中职生最基本的要求。我们应积极参加各种教学实训、专业实习和社会实践，不断提高自己的专业技能，从而把知识转化为实际能力，在不断适应、推动社会发展的过程中实现自己的理想。

人生感悟

　　1987 年，19 岁的李万君职高毕业，成了某长客股份公司焊接车间水箱工段的一名焊工。李万君的父亲也是厂里的老职工，是厂里连续多年的劳模。"每当父亲从厂里获得大红花和荣誉证书时，我们全家都特别高兴。每天晚饭时，父亲谈论的都是车间里发生的事情。"成为像父亲一样

的劳模，是李万君小时候的理想。

真正走上工作岗位，李万君才发现水箱焊接工作非常艰苦。"一进入车间，火星子乱蹦、烟雾弥漫，叮咣的声音刺得耳朵发疼。夏天，焊枪喷射着 2300℃的烈焰，烤得人喘不上来气。冬天，在水池子里作业，脚上穿着水靴子，身上挂一层冰。"一年后，当初和李万君一起入厂的 28 个伙伴，有 25 个离职了。李万君却在艰苦的环境中磨炼意志。他凭着一股锲而不舍、勤学苦练的干劲儿，练就了一套过硬的焊接本领，顺利考取了碳钢、不锈钢焊接等 6 项国际焊工（技师）资格证书，成为焊接"巨匠"。李万君总结并制订了 20 多种转向架焊接规范及操作方法，完成技术攻关 100 多项，其中取得国家专利 21 项。他获得国家对一线技术工人的最高褒奖"中华技能大奖"，被誉为"工人院士"。

李万君是当代中国技能型、知识型产业工人的先进典型，是新时期装备制造业工人的典范。2017 年 2 月 8 日，在中央电视台"感动中国"2016 年度人物颁奖典礼上，李万君当选"感动中国"2016 年度人物。"感动中国"给予李万君的颁奖词这样写道："你是兄弟，是老师，是院士，是这个时代的中流砥柱。表里如一，坚固耐压，在平凡中非凡，在尽头处超越，这是你的人生，也是你的杰作。"这生动地诠释了李万君的职业价值和人生追求。

李万君的事迹对你有哪些启示？

要点提示

个人理想的特点和作用

社会理想的特点和作用

个人理想与社会理想的关系

体验与探究

1. 理想可以分为生活理想、职业理想与道德理想，也可以分为近期理想与长远理想，还可以分为个人理想与社会理想。你的理想是什么？围绕这个问题开展小组讨论，深化对理想的理解。

2. 活动探究：如何设定自己的人生目标。

美国心理学家洛克于 1967 年提出了"目标设置理论"，认为目标本身就具有激励作用，目标能把人的需要转变为动机，使人们的行为朝着一定的方向努力，并将自己的行为结果与既定的目标相对照，及时进行调整和修正，从而能实现目标。为此，洛克提出了以下七点：

（1）目标要有一定难度，但又要在能力所及的范围之内；

（2）目标要具体明确，最好能用具体的词句清楚地表达出来，如每月读三本书，每周锻炼三次，每次锻炼一小时等；

（3）必须全力以赴，努力达成目标，如果将你的目标告诉一两个亲近的朋友，那么，就会有助于你坚守诺言；

（4）短期或中期目标要比长期目标更有效，如下一星期学完某一章节，可能比两年内拿一个学位的目标好很多；

（5）要有定期反馈，或者说，需要了解自己向着预定目标前进了多少；

（6）应当对目标达成给予奖励，用它作为将来设定更高目标的基础；

（7）在实现目标的过程中，对任何失败的原因都要抱现实的态度，不能将失败仅仅归因于外部因素（如运气不好），而不是内部因素（如没有努力工作）。

参考以上的建议，给自己设定一个短期目标，并尝试着把它告诉自己的亲人或朋友，在一段时间之后检查自己的目标达成情况。

3. 以"时代、理想、奋斗"为主题，举办一次班级演讲比赛。

第 12 课

理想信念与意志责任

　　理想指引人生方向，信念决定事业成败。崇高的理想蕴藏着强烈的意志品质、责任力量，促使人们以坚强的毅力、顽强的斗志、强烈的责任感和使命感，为实现理想而奋斗。理想的实现需要意志与责任。

他山之石

　　2011 年，12 岁的吴林香面对身患癌症的母亲、全身瘫痪的外婆、右手残疾的外公和幼小的弟弟，经受住了人生的考验。她一边努力学习，一边用她那柔弱的肩膀撑起破碎的家庭。她不畏艰难、苦中求乐，每天早上天不亮就起床，一直忙到晚上 11 点多才入睡。尽管又苦又累，她的脸上还是时常保持着微笑……吴林香"一把锄头扛起一个家"的事迹让人感动万分，被称为中国最坚强女孩之一，荣获 2013 年"最美孝心少年"称号，并被评为第四届"全国道德模范"。"我现在的奋斗目标是考上一所理想的大学，将来成为一名优秀教师，帮助更多的人。"2015 年进入重庆市忠县职教中心学习后，吴林香就给自己定下奋斗目标。有了奋斗目标，吴林香更加努力学习。2017 年 3 月 23 日，《人民日报》以"助梦大国'小工匠'"为题，公布中等职业教育资助育人百名成才典型，吴林香名列"自立自强篇"第一人。

　　看完吴林香不畏困难，用坚强的意志向着理想前行的事迹，你有何感想？

✳ 实现理想需要坚强的意志品质

2022 年北京冬奥会的闭幕式上，自由式滑雪女子空中技巧冠军徐梦桃是中国体育代表团的旗手之一，为自己的第四次冬奥之旅画上完美的句号。徐梦桃从 4 岁开始练习体操，12 岁时转项自由式滑雪空中技巧项目。作为奥运会四朝元老的徐梦桃，奥运冠军梦走得一路坎坷。2010 年，温哥华冬奥会，她第一次走上奥运赛场，获得了第六名。在距离 2018 年平昌冬奥会仅有两年时间的时候，徐梦桃在新疆举行的全国冬运会上出现失误，起跳后重重地摔在地面上，导致左膝前交叉韧带断裂；手术后艰难地康复。在了平昌冬奥会的赛场上，她只获得了第九名。28 岁的徐梦桃，经历了两次重伤，四次手术，切除了 70% 的半月板，就在所有人都以为她会选择退役的时候，她却依旧选择了坚持，用意志品质与病痛抗挣。不低头、不放弃，坚持前行的徐梦桃终于圆梦北京冬奥会。她这样写道：为祖国拼金牌是使命也是荣誉，付出再多汗水泪水都值得；没有豪放言，只有出征的决心！梦想依然在，不甘心也不放弃。遭遇那么多伤病，那么多挫折，她从不向困难低头，终获回报，实现梦想。

徐梦桃圆梦北京冬奥的事迹对你有哪些启示？

🌿 理想、信念、意志

理想与信念相辅相成。理想以信念为基础，信念决定理想的内容和方向，有什么样的信念，就有什么样的理想。所谓信念，就是指人们在一定认识的基础上，对某种理论、学说和理想深信不疑，把它作为自己的言行准则，并以坚强的意志去执着追求的精神状态。和理想一样，信念在人们的心理上表现为对某一事物的仰慕、向往、追求。人们的某种信念一旦形成，就会在认识上表现为坚信不移，在行为上表现为执着追求，并能最大限度地发挥人的积极性、主动性。意志也是以某种信念的形成为前提的。没有信念，人们就不会有意志，更不会有积极主动的行动。意志是人们根据信念来支配、调节自身行为的精神力量。

意志活动的完成大致要经过下定决心、坚定信心、持以恒心这样一个过程。选择目标、确立理想的过程首先就是立志的过程，需要决心。其次，要坚定信心，相信可以通过自己的努力达到目标。最后，要有恒心，只有坚持努力，才能达到目标。缺少恒心就可能虎头蛇尾、半途而废。一般说来，决心越大，信心越足，恒心就越持久。"无志者常立志，有志者立长志。"决心、信心、恒心在实现目标的过程中是相互依存、相互制约的。其中，信心最为关键。没有信心，决心就会空虚，恒心就会中断。

人们创造历史的活动本身就是有意识、有意志的活动。战争是双方物力、财力和军力的竞争，也是双方统帅、将军和战士的意志的较量。苏联卫国战争时期的列宁格勒保卫战、莫斯科保卫战、斯大林格勒保卫战以及德军兵临城下的红场阅兵，体现的就是苏联军民的意志。"两军相遇勇者胜"，讲的就是意志的作用。"天行健，君子以自强不息"，讲的也是意志的作用。一个意志坚强的人，可以攻艰克难；一个意志薄弱的人，往往遇难而退，甚至本不是困难也裹足不前。无论是对民族而言，还是对个人而言，任何事业，离开了坚定的信念、坚强的意志，都会半途而废，都不可能成功。

以信念引导理想

信念包含着认识和情感上的认同，能够激发人们潜在的能力，从而成为人们追求理想的强大的精神动力。缺乏坚定信念的人，就会因为缺乏追求理想的动力或动力不足，导致理想永远是"理想"；具有坚定信念的人，就能从信念中获得勇气和力量，从而克难攻险，实现理想。

信念是对理想的支撑，是人们追求理想的精神动力。信念一旦形成，就会使人坚定不移、百折不挠地追求理想的实现。以崇高而坚定的信念支撑自己，就会使自己的人生价值得到最大限度的体现和提升。

点击链接

　　革命战争年代，革命先烈在生死考验面前所以能够赴汤蹈火、视死如归，就是因为他们对崇高的理想信念坚贞不渝、矢志不移。毛主席一家为革命牺牲 6 位亲人，徐海东大将家族牺牲 70 多人，贺龙元帅的贺氏宗亲中有名有姓的烈士就有 2050 人。革命前辈们为什么能够无私无畏地英勇献身？就是为了实现崇高的革命理想，为了坚守崇高的政治信仰，为了在中国彻底推翻黑暗的旧制度，为了实现民族独立和人民解放。我多次读方志敏烈士在狱中写下的《清贫》。那里面表达了老一辈共产党人的爱和憎，回答了什么是真正的穷和富，什么是人生最大的快乐，什么是革命者的伟大信仰，人到底怎样活着才有价值，每次读都受到启示、受到教育、受到鼓舞。

　　在经过深思熟虑、选择正确方向的前提下，我们切忌见异思迁、心猿意马，而要坚定信念、"咬定青山不放松"。没有信念的人生抉择是迷茫的。如果我们只有远大的理想而不以坚定的信念从事"韧"的战斗，岁月匆匆流逝，我们就会发现，理想仍然是天幕远景中的海市蜃楼，我们依旧一无所获。如果在确立理想之后，以坚强的意志去奋斗，我们就会克服困难，最终实现理想。

坚强的意志是通往理想的桥梁

　　坚强的意志是一种可贵的品格，一种优良的心理品质。每个人都有自己的理想，都有自己的奋斗目标。然而，实现理想需要具有坚强的意志。孔子曰，"三军可夺帅也，匹夫不可夺志也"，讲的就是这个道理。在困难面前，是知难而进、迎难而上，还是知难而退、逃避困难，这是意志是否坚强的表现。

　　意志中包含着非理性力量，但起积极作用的意志是理性引导下的力量，是信念的力量。意志只有以理性和信念为基础时，才是正能量。人的意志并非只是人的生物性本能，更是人的社会性的凝结。正因如此，不同社会状况下的人表现出不同的意志。在当代中国，憧憬中华民族伟大复兴之梦的中国人民，焕发出前所未有的坚强的意志。

　　人有意志，但人们又不能完全凭借自己的意志，完全按照自己的主观意图创造历史。如果人们能按照自己的意志创造历史，历史早就进入"天堂"，社会早就无比美好了。中国人在古代就提出了"大同社会"的理想，可在几千年的历史中一直没有实现。为什么？因为人们是在一定的条件下进行创造活动的，任何人、任何阶级、任何民族都无法脱离现实的条件进行创造历史的活动。

✳ 追求理想需要履行社会责任

　　调查发现，大多数年轻人均认同社会责任感是自己将来立足社会的最重要的"本钱"，远比自信、健康、能力等"个人资本"更重要。这反映出年青一代愿以正面的态度来承担社会责任，迎接社会的挑战，并将个人发展与社会责任有机结合起来。

　　你认为自己有义务承担社会责任吗？你怎样认识个人发展与社会责任的关系？

个人发展与社会责任

各抒己见

　　只要肯定历史必然性，就要否定个人行为的社会责任；只有强调人的选择性，才能对个人行为追究责任，进行道德评价。

　　请对这种观点进行评价。

　　历史必然性并不排斥人的行为的责任，并对之进行道德评价。这是因为，历史必然性讲的是社会发展本身、人类总体活动本身的规律性，而不是指每个人的每个行为的必然性，不是认为每个人的行为不可选择。在同样的条件下，个人可以进行不同的活动，选择不同的人生道路，这就要由自己负责。这里就有一个社会责任和道德评价问题。

　　社会是由个人组成的。人是社会的主体，社会发展是所有社会成员共同努力的结果。个人应当也必须对社会履行责任，社会发展也离不开每个人对社会的责任。所谓社会责任意识，就是指社会成员对自己所应承担的社会职责、任务和使命的自觉意识，它要求社会成员不仅要对自身负责，而且必须要对他所处的集体、社会负责。

承担社会责任是每一个人应尽的义务。任何一个人，都处在一定的社会关系中，都要扮演一定的社会角色。只要你担当了一定的社会角色，你就要承担这个角色应当担负的责任，包括任务与使命。一个人不仅要对自己负责，更重要的是，要为社会做出应有的贡献，切实履行对社会的责任。

各抒己见

三位航天英雄的感言

乘"神舟"七号遨游太空返回后，三位航天英雄翟志刚、刘伯明、景海鹏与香港中小学生进行了座谈。

翟志刚动情地说："我有幸成为中国飞得最高、走得最快的人。我深深地感到，是科技的伟大、祖国的伟大把中国人的足迹留在太空，是祖国的强大成就了载人航天事业的辉煌。我为祖国而感到骄傲！"

刘伯明说："我们经受住了考验，克服了种种困难，最终圆满完成了祖国和人民赋予的光荣使命。人生因奋斗而精彩，事业因艰巨而辉煌。我希望同学们把聪明才智贡献到祖国的载人航天事业中来，为中华民族的伟大复兴，一起努力、一起奋斗！"

景海鹏说："是时代和所有航天工作者为我们铺就了飞天之路，是祖国和人民托起我们，把我们送入蔚蓝的太空。荣誉属于祖国，属于人民，属于所有华夏儿女，属于所有的航天人。我们愿意与同学们一道，为祖国的繁荣富强、为香港的明天更加美好付出更大的努力。"

从航天员的谈话中，你看到的是一种怎样的社会责任？

培养社会责任感

社会责任感是知、情、行的统一，是人的内在精神和外在行为的有机结合。小到促进个人成长、家庭幸福，大到推动社会进步、人类发展，都需要以强烈的社会责任感为支撑。培养社会责任感离不开责任认知、责任情感、责任体验这三个环节。

第一，以责任认知为前提。如前所述，每个人都扮演着一定的社会角色，不同的社会角色具有不同的社会责任。但是，并不是每一个人都能意识到自己的社会责任。能意识到这一点的，是自觉的人，自觉的人会自觉地履行自己的社会责任；意识不到这一点的，是盲目的甚至是浑浑噩噩的人，盲目的人更多地是自发地甚至被迫地履行自己的社会责任。因此，我们要明确自己的社会角色，并对之进行责任认知。

第二，以责任情感为基础。人是知、情、意、行的统一体。在日常生活中，不仅人与人之间产生了一定的情感，人与社会之间也必然产生一定的情感。社会责任感实际上也就是对他人、社会的一种情感，是责任情感。"位卑未敢忘忧国"，表达的就是一种情感，一种社会责任情感。《我爱你，中国》这首我们耳熟能详的歌所表达的也是一种情感，一种社会责任感。我们既不做重情轻理、同情背理的情感主义者，也不做重理轻情、同理绝情的理智主义者。我们应以理制情，使责任认知逐步向责任情感转化。

各抒己见

2009 年高校自主招生，当记者问一些大学校长青睐什么样的中学生时，他们都不约而同地提到"社会责任"一词，认为中学生要有社会责任感，关心他人、关心社会，而不是只关心自己、关心书本。这表明，学生仅具备专业知识是不够的，更要具备关心他人、关心社会，改造社会、造福社会的责任意识。社会责任感不是可有可无的，而是人才素质的重要组成部分，甚至是核心素质。

你在学习与生活实践中，是否注意培养自己的社会责任感？作为一名中职生，你是怎样认识社会责任感的？

第三，在实践活动中强化并升华社会责任感。如前所述，实践是社会生活的本质。只有在实践活动中，我们才能感受到他人、集体和社会的存在，获得直接而深刻的责任体验，从而更客观地判断、选择、承担应当承担的责任，并在实践活动中升华自己的社会责任感。

点击链接

陆军第 71 集团军某特战旅三连营区"中野虎师"石碑前，四位红军战士相互搀扶、眺望远方、在泥淖中前行的雕塑"讲述"着一个真实的故事。1935 年，二万五千里长征的途中，当走至沼泽密布的草地，28 名伤病员与大部队走散了。三连副连长李玉胜主动将走散的伤病员召集到一起："同志们，我是共产党员，我是党支部委员，我有责任带领大家走出草地！请党员同志举手，我建议立即成立临时党支部。"党员将手高高举起，选举李玉胜同志担任党支部书记，一个特殊的党支部——"草地党支部"诞生了。在党支部的带领下，掉队的红军伤病员，以"铁心跟党走，一步不掉队"的信念，战胜了极度的艰难困苦，终于走出了草地，回到了党中央身边。从此，"铁心跟党走，一步不掉队"的忠诚基因融入三连官兵的灵魂！

以天下为己任

以天下为己任就是把国家的兴衰作为自己的责任。作为中职生，我们要把个人的命运和国家的兴衰紧紧相连，树立科学的社会理想和高尚的个人志向。"天下兴亡，匹夫有责"，体现的就是超越个人的社会责任意识，就是要以天下为己任。

以天下为己任，就要确立理想。人的生活是有意识、有目的的自我创造过程。理想就是个人生活目的的最具自觉性和崇高性的观念形态。理想并非都是豪言壮语，可望而不可即，理想既崇高又平凡。林觉民写给妻子的《与妻书》、方志敏的《可爱的中国》，至今令人动容，他们崇高而又平凡的理想激励着一代又一代的中国人。

以天下为己任，就要从我做起、从小事做起、从眼前的事做起。千里之行，始于足下。实现了个人理想的人都是通过脚踏实地的实践逐步接近理想直至实现理想的。确立理想而不付诸实施，最终只能是"白了少年头，空悲切"。

以天下为己任，就要学会做事，同时要学会做人。做事，要认认真真，水平应越做越高；做人，要老老实实，境界应越来越高。我们不但要学会做事，更重要的，是要学会做人。动物不用学做动物，因为它本身就是动物，即使经过训练成为宠物也仍然是动物。而人则要学会做人，即具有人所应该具有的社会品质，因为人是社会存在物。

人生感悟

大爱至朴——13位农民兄弟

2008年春节前夕，特大雨雪冰冻灾害袭击了南方大部分地区。河北唐山宋志永、杨国明等13位农民在除夕那天租了辆中巴车，顶风冒雪赶赴郴州参与救灾。初二上午他们赶到郴州电力抢险指挥部，听从指挥部的统一安排。他们每天起早贪黑、踏雪履冰为抢修工地扛器材、搬材料、抬电杆，成了湖南电力安装工程公司一支编外"搬运队"，被当地媒体誉为"唐山十三义士"，被郴州市授予荣誉市民称号。

2008年5月12日，在得知四川汶川发生特大地震后，宋志永、杨国明等13位农民几经辗转来到灾情最重的北川县城，成为最早进入北川的志愿者之一。他们用最原始的方法——铁锤砸、钢钎撬、徒手刨，不断寻找幸存者。只要哪里需要，他们就到哪里。他们与解放军、武警战士一起，抢救出25名幸存者，找出近60名遇难者遗体。

这13位农民年龄最大的六十多岁、最小的不到二十岁。没有上级号召，没有组织要求，他们就凭着强烈的社会责任感，千里奔波，雪中送炭，出手相援。他们用行动、担当和付出告诉我们"责任"的含义。正因如此，他们被评为2008年"感动中国"人物。

从这13位农民兄弟身上，你体会到什么是普通人的社会责任了吗？应该向他们学习什么？

要点提示

理想、信念、意志的辩证关系
培养社会责任感

体验与探究

1. 坚定的信念和坚强的意志在人生中有何意义？举例说明并与老师、同学分享。

2. 你的职业理想是什么？你打算如何实现自己的职业理想？

3. 根据当代中国的社会实践，结合自己的实际情况，谈谈你如何确立自己的理想与信念。

在社会中发展自我
创造人生价值

社会为我们生存与发展提供了必需的物质产品和精神产品，使我们享受生活；同时，社会对个人需要的满足又以个人对社会的贡献为基础。人生的价值就在于对社会的贡献，在推动社会发展的过程中实现自我发展。

第 13 课

人的本质与利己利他

人不仅是自然存在物，具有自然属性，而且是社会存在物，具有社会属性。恩格斯形象地指出："人是什么？一半是野兽，一半是天使。"问题在于，人的自然属性不同于动物的自然属性，人的自然属性不是纯粹的生物本能，而是打上了社会关系烙印的自然属性。人的本质是一切社会关系的总和。对人的本质问题的科学解答，是正确处理利己与利他关系的前提。

他山之石

在 2022 年北京冬奥会闭幕式上，6 位志愿者代表来到国家体育场"鸟巢"的舞台中央，国际奥委会运动员委员会的代表向志愿者赠送了红灯笼。国际奥委会主席巴赫先生在致辞中表示："我要对所有志愿者说，你们眼中的笑意温暖了我们的心田，你们的友好善意将永驻我们心中。"他还用中文说道："志愿者，谢谢你们！"

北京冬奥会，志愿者们积极应对新冠肺炎疫情防控带来的挑战，严格落实疫情防控措施，做好场馆内外的卫生防疫工作。在冬奥会的各个角落，都活跃着志愿者的身影，他们与这场盛宴融为一体。志愿者们用温暖的微笑感染他人，用贴心、周到、专业的服务帮助他人。冬奥会的志愿者用行动赢得了运动员、官员和观众的赞许，成为本届冬奥会上一道美丽的风景。他们用微笑和服务感动世界，让世界见证了中国的风采。

请从利己与利他的角度分析志愿者的行为。如果需要，你愿意做一名志愿者吗？为什么？

✳ 人是社会存在物

1920 年，在印度加尔各答附近，人们在狼窝里发现了两个由狼抚育的女孩：大的约 7 岁，后被取名为卡玛拉；小的约 2 岁，后被取名为阿玛拉。卡玛拉和阿玛拉被发现时，生活习性已经与狼一样了：用四肢行走；白天睡觉，晚上出来活动，怕火、怕光；不吃素食只吃肉，吃东西不用手拿，而是放在地上用牙齿撕开吃；不会讲话，每到午夜后像狼似的引颈长嚎。后经过 7 年的教育，卡玛拉才掌握了 45 个单词，勉强学会了几句"人话"。

通过狼孩姐妹的故事，你如何理解人与社会的关系？

🔬 人在社会中存在和发展

人是社会存在物，人只有在社会中才能存在和发展。离开了社会的人只是一个"两脚动物"，一个不能被称之为人的东西。

人在社会中存在。任何人都不是孤立地生活在世界上的。人始终生活在社会关系之中，只有在与他人的交往中才能保证和证明自己的存在。德国古典哲学家费希特说过，人只能存在于"人们"之中，人要存在必定是一些人，而不是一个人。人存在于社会之中，但这并不是说社会是容纳人的空间，如同把豆子放在盒子里一样。人与社会不是外在的二元关系。社会不是居于个人之上、个人之外的，而是人们在物质生产的基础上所形成的人与人之间的关系体系。所以，改变人们之间的关系就是改造人；反过来，要改造人就必须改造人们之间的关系。

人在社会中发展。动物的特性和行为，都是生物遗传的结果，而人的特性和行为则主要是社会遗传的结果。每个人总是在社会分工、合作以及与他人的交往中，不断地积累知识和财富，逐步提高自己的智慧和能力的。人的发展不是田径比赛，一个人一个跑道互不干扰。人的发展是在生产实践、交往活动和社会关系中实现的。仅凭自然属性，人不可能超越动物，人本身无法像鹰一样在天空中翱翔，无法像马一样快速而持续地奔跑……人之所以能超越动物，是因为人可以凭借社会属性、社会力量。

人的力量本质上是社会力量，这种社会力量凝结在生产工具以及社会组织之中。起重机的力量是任何一种动物的力量所无法比拟的，而合理的社会组织所产生的巨大力量也绝不是单个人力量的简单相加。人是自然遗传和社会遗传双重进化的产物，社会遗传则直接决定着人的发展。人是通过改变社会和自然来实现自我发展的，而不是通过改变自己的生理结构来谋求生存和发展的。

人的本质是社会关系的总和

动物的本性是与生俱来、先天获得的。马之所以是马，是因为它具有马的本性；良马之所以是良马，是因为马的本性在这种马的身上表现得最集中、最充分。如果一匹马不具有马的本性或特性，身形像牛，叫声像猪，跑起来如狗，那它就不是马而是怪物。这种使马成为马的特性，是马这个物种所具有的类本性。

人要成为人，当然要具有人所共有的东西，具有类本性。但问题在于，人的类本性或自然本性是受到社会关系的再铸造而发生变化的。饮食男女本质是人的自然本性，可"朱门酒肉臭，路有冻死骨"却是一种社会现象，而梁山伯与祝英台、罗密欧与朱丽叶式的爱情悲剧同样是一种社会现象。造成这种现象的原因，就是特定的社会关系。这是人与动物的根本区别。动物的本性就在动物自身，人的本质则在他所依存的社会关系中。只有把人放在社会关系中才能理解和把握人的本质。正如马克思所说："人的本质不是单个人所固有的抽象物，在其现实性上，它是一切社会关系的总和。"

人是社会关系的体现者。我们之所以在不同社会或同一个社会看到不同的人，原因不在人的自然本性而在社会关系。奴隶或公民并不是人的特性，而是社会的规定性。一个人是奴隶主还是奴隶，是地主还是农民，是资本家还是无产者，并不是由他的自然本性决定的，而是由社会关系的性质和他在社会关系中的地位决定的。

各抒己见

有人说，人的本质就是人的自然属性，即人的食欲、情欲、求生欲等。

有人说，人的本质就是追求自由。

有人说，自私就是人的本质。

你如何看待以上观点？你的观点是什么？

人的本质、人性处在变化之中

马克思主义认为，对人的本质的考察基于单个人的现实感性活动，"在其现实性上，人的本质是一切社会关系的总和"；人性讨论的是人的一般特性或类特性，指人区别于其他物种的特质。一定程度上说，二者是一般与特殊的关系。

随着生产力的发展，人们就会改变自己的生产关系；随着生产关系的改变，人们就会改变自己的一切社会关系。因此，由社会关系决定的人的本质也处在变化之中。人的本质是具体的、历史的。从奴隶主、地主到资本家，从奴隶、农民到无产者，人的生活方式、交往方式、思维方式以及道德观念都处在变化之中，决定这种变化的力量，不是人的"本性"，而是社会关系。无论是在历史上，还是在现实中，一个人、一个阶级以"非人"的方式对待另一个人、另一个阶级，归根结底是为了自身的利益，是社会关系使然。以"非人"的态度对待人，表现的是一种社会关系；以"人"的态度对待人，表现的是另一种社会关系。人与人之间要彼此以人相待，就必须创造一个彼此能够以人相待的社会环境，而不是依靠呼唤所谓的人性复归。

人当然有人性，但人性并不仅仅是自然属性，而是自然属性和社会属性的统一，更重要的是，社会属性制约着自然属性。当我们看到一个人同情怜悯穷人时，就说他有人性，一个人不仅不同情反而压迫穷人时，就说他没人性；当我们看到一个人孝敬父母时，就说他有人性，一个人不仅不孝敬反而虐待父母时，就说他没人性……这里所说的人性实际上属于道德范畴。直接制约并规范人性的是经济关系、社会制度和道德观念。人性是经济、政治、文化、教育等多种社会要素的综合物，不同时代有不同的经济、政治、文化、教育，因而有不同的人性。人性就表现在人的行为中，是社会的、历史的、变化着的。正是在这个意义上，马克思认为，整个人类历史是人的本性不断变化的历史。

✳ 正确处理个人与集体的关系

有位足球队员说过，足球是一个集体项目，球员是集体中的一分子，集体好你才能好，集体不好你也好不了；没有听说过哪个降级的球队还能出最佳射手，只有每一个队员都努力，球队才能赢球。

你认为球员与球队是什么关系？你对这位足球队员的话是怎么理解的？

🧬 个人与集体不可分

在现实生活中，任何人都不是孤立存在的，个人始终生活在集体中。人与人之间只有通过交往，形成一个集体，才能有效地改造自然和社会，并在这个过程中充分地发挥自己的智慧和力量。

集体的发展离不开个人。个人是组成集体的细胞，一个健康、向上的集体，需要集体所有成员的共同维护。离开了一个个具体的个人，集体只是一个"虚幻"的存在；离开了每一个成员的努力和付出，集体的发展都将成为一句空话。

个人的发展离不开集体。个人的力量总是有限的，个人力量的发挥要借助集体的力量。"一个篱笆三个桩，一个好汉三个帮"，讲的就是这个道理。集体的力量可以集中每个成员的优势，形成一股强大的合力，从而完成个人无法完成的任务，战胜个人无法克服的困难，并使个人的能力得到充分的发挥。

各抒己见

一朵鲜花打扮不出美丽的春天，一滴水只有放进大海里才永远不会干涸，一个人只有当他把自己与集体事业融合在一起的时候才能最有力量。

这些话体现了个人与集体的关系是什么样的？你是怎样看待这个问题的？

融入大海的水滴之所以不干，并不在于这滴水本身，而是因为这滴水已经存在于大海之中。集体不是个人的简单相加，而是在无数个人活动中形成的一种结构、一种组织。这种结构、组织形成一种任何个人所不具有的力量。我们提倡集体主义，提倡个人利益服从集体利益，要正确处理个人与集体的关系，原因就在于此。

点击链接

三峡好人

兴建长江三峡大坝是一件造福子孙万代的大事；同时，也是关涉许多人利益的大事。为了建设三峡工程，从 1993 年到 2005 年，110 多万移民告别了故土。面对整体利益，库区人民甘愿为全国人民的整体利益牺牲自己的部分利益。当三峡大坝屹立在全中国乃至全世界人民面前时，我们不能忘记那些三峡移民，那些为保大家而舍小家的人们。

坚持利己与利他的统一

在处理个人与集体的关系时，应当注意，就"每一个人"而言，没有个人就没有集体，因为集体是由所有"每一个人"构成的；就"我一个人"而言，情况就不同了，不是集体离不开"我一个人"，而是任何"我一个人"都离不开集体。歌德说过，伟大人物的成就不应简单地归功于他们个人的所谓天才，而应归功于当时的社会状况和他们接触到的前辈和同辈的效益，事实上，我们全都是些集体性人物。我们要正确处理"每一个人"与"我一个人"的关系，坚持利己与利他的统一。

第一，维护个人正当权益。每个人都有自身权益，争取和维护个人的正当权益本身无可非议。个人对自身正当权益的追求，是人们生存和发展的保证，也是人们从事一切活动的基本动力。

第二，反对损人利己。个人争取自己的权益，不能以损害他人的权益为手段。如果自己的权益是通过侵占、牺牲他人的权益来实现的，就会使自己在社会交往中失去他人的信任，最终损人又害己。

第三，关爱他人。个人要想在社会生活中获得自己的正当权益，就需要关爱他人、尊重他人。关爱他人，就是关爱自己；尊重他人，就是尊重自己；对他人负责，就是对自己负责。当一个人只关心自己时，就会永远不满足，就会永远处在"烦"和痛苦中，因为无尽的欲望会使他陷入永远不满足的痛苦中；当一个人关心他人时，就会有一种由道德崇高感而产生的满足和幸福。古人所说的"仁者寿"，讲的就是这个道理。

树立正确的义利观

"义"，是指思想和行为符合一定的道德原则和规范；"利"，是指利益、功利，主要是指物质利益。义与利的关系主要包括两个层面：一是物质追求和精神追求的关系；二是个人私利和社会公利的关系。

各抒己见

有人认为，在市场经济条件下，中国传统道德所倡导的"重义轻利"思想已经过时，市场经济就是一切向"钱"看。

对此观点，你怎么看？

我们不能把"利"作为从事一切活动的唯一原则，奉行拜金主义，把人与人的关系淹没在利己主义的冰水之中；同时，也不能离开个人的正当利益，离开"利"而抽象地谈论"义"。"义"与"利"是一对矛盾，离开任何一方都会走向极端。我们既要反对"利"字当头，一切向"钱"看甚至利令智昏；也要避免只讲"义"不言"利"，忽视甚至否定个人正当的利益要求。正如马克思所说："人们奋斗所争取的一切，都同他们的利益有关。"

个人利益不等于个人主义。个人主义处理自我与他人、个人与社会关系的根本原则是以自我为中心，把对自己是否有利视为处理一切关系的唯一出发点和最高原则。个人主义本质上是利己主义。我们尊重个人利益，但反对个人主义。我们要关注社会公利，以国家、民族和集体的利益为重，个人利益应服从国家、民族和集体利益。

人生感悟

王锋是河南省南阳市方城县人。2016 年 5 月 18 日凌晨，南阳市卧龙区西华村一栋民宅突发大火，浓烟迅速吞没了整栋楼房。租住在一楼的王锋发现火情后，义无反顾地三次冲入火场救人，20 多位邻居无一伤亡。当王锋第三次从火场出来时，已快被烧成了"炭人"，浑身都是黑的，神智已不清醒。从住处到临近的张衡路口，一路上都留下了他血染的脚印。虽然全国各地爱心人士纷纷慷慨解囊捐款相助，医院及时医治，但王锋终因伤势过重，还是离开了人世。

王锋用自己的生命挽救了他人的生命，用行动彰显了人间大义。他的事迹感动了全国人民。王锋因此被评选为 2016 年度"感动中国"十大人物之一。评委会给他的颁奖词是："面对千度的烈焰，没有犹豫，没有退缩，用生命助人火海逃生。小巷中带血的脚印，刻下你的无私和无畏，高贵的灵魂浴火涅槃，在人们的心中永生。"

看了王锋的事迹，你有哪些感想？请与同学们分享。

要点提示

人的本质是社会关系的总和
正确处理利己与利他的关系
树立正确的义利观

体验与探究

1. 列举学习、生活中个人离不开集体、离不开社会的例子。

2. 列举生活中的例子，阐述利己与利他的关系。

3. 结合生活实际，根据"义利观"设计一个主题，围绕该主题举办一场辩论会或讨论会。

人的价值与劳动奉献

人们认识世界是为了改造世界，改造世界则是为了满足人本身的需要，这种需要与满足的关系就是价值关系。人们在自己的活动中不仅认识真理，而且创造价值。从根本上说，价值是人们在劳动中创造的。

他山之石

孟祥民，生前系山东省淄博市环保局淄川分局监察大队监察一科科长。孟祥民是新时期环保工作者的优秀代表，他时刻牢记党的宗旨，忠实履行环保为民的神圣使命，十五年如一日奋战在基层环保一线，在平凡岗位上做出了突出成绩，在劳动奉献中实现自己的人生价值。2008 年，孟祥民被确诊为直肠癌。当时正值整治活动开始，他把诊断书塞进口袋，一头扎进工作。他忍着病痛，以坚强的毅力带领着同事们先后关停取缔小砖瓦厂 124 家，小炼铁厂 21 家，小石灰窑 292 家，圆满完成多项环保整治任务。而在这两年半的时间里，他经历 22 次化疗。孟祥民的生命永远定格在 2011 年 7 月 24 日，那年他仅 47 岁。在生命最后时刻，已神智不清的孟祥民，还请求妻子给自己穿上执法制服。他被山东省委追授为道德模范、省优秀共产党员，后来，还获得第四届全国道德模范称号。

结合孟祥民的事迹，说说你对人生价值与劳动奉献关系的理解。

✳ 个人的自我价值与社会价值

华益慰是著名医学专家，北京军区总医院普外科原主任。从医56年来，华益慰始终以党和人民的利益为重，把毕生精力奉献给了医疗事业。他兢兢业业，做过数千例手术，挽救了许多患者的生命，没有出过一次医疗事故和差错；他医德高尚、廉洁行医、拒收红包，对待病人没有贵贱之分，被患者誉为"值得托付生命的人"；他心系官兵，服务人民，尤其可贵的是，在他身患重病、生命垂危之际，毅然立下"为医学事业捐献遗体"的遗嘱……

有人说："既要贡献，也要索取，不占便宜，也不要吃亏，这样的人生才有意义。"就此观点，结合华益慰的事迹，谈谈你对人的价值的看法。

✿ 价值、价值观与核心价值观

在人的活动中，人们总是根据自己的需要去掌握和占有事物，以满足自己的需要。这种需要与满足的关系就是价值关系。人及其需要是价值关系形成的根据，只有人才是价值的创造者、实现者和享受者，有用与无用、好与坏、善与恶、美与丑……都是相对人而言的。物及其属性是价值关系形成的又一根据，正是因为物具有满足人的某种需要的属性和功能，它才能成为对人的生存、享受和发展有益的东西。这就是说，价值本质上是一种关系，是人与物、人与人之间一种特殊的客观关系，是实际的利益关系。

在现实生活中，人们不断地追求和创造价值，同时也在不断地认识和评价价值，并逐步形成了自己的价值观。所谓价值观，就是指人们基于生存和发展的需要，对事物价值的根本看法，是关于如何区分好与坏、善与恶的总体观念，是关于应该做什么和不应该做什么的基本原则。价值观与价值关系既有联系又有区别。价值关系是实际的利益关系，价值观则是人们在一定的文化背景和历史条件下对价值关系的理解，是对客观的价值关系的观念把握。不同的人有不同的需要和自我意识，因而有不同的价值观。

各抒己见

20世纪80年代，江西奉新县边远山村教师奇缺，19岁的南昌姑娘支月英不顾家人反对，只身来到海拔近千米且道路不通的泥洋小学，成为一名深山女教师。36年来，从"支姐姐"到"支妈妈"再到"支奶奶"，支月英一直默默地坚守在偏远的山村。支月英宁舍"小家"，全心全意为山里的孩子送去知识和智慧的事迹感动了全国人民，被评为2016年"感动中国"十大人物之一。"感动中国"给她的颁奖词是："你跋涉了许多路，总是围绕着大山。吃了很多苦，但给孩子们的都是甜。坚守才有希望，这是你的信念，三十六年，绚烂了两代人的童年，花白了你的麻花辫。"

请你运用人生观、价值观的相关知识，谈谈自己对支月英这种做法的看法。

任何一个社会都存在着多种价值观，其中，核心价值观具有特殊作用。任何社会的核心价值观反映的都是该社会的核心利益。通过核心价值观，特定的社会不仅为自身提供价值理想和奋斗目标，引领社会的发展方向，而且影响个人的价值取向，引导个人的活动方向。所以，任何一个社会都要确立自己的核心价值观。正如习近平总书记所说："人类社会发展的历史表明，对一个民族、一个国家来说，最持久、最深层的力量是全社会共同认可的核心价值观。核心价值观，承载着一个民族、一个国家的精神追求，体现着一个社会评判是非曲直的价值标准。"社会主义核心价值观，即"富强、民主、文明、和谐，自由、平等、公正、法治，爱国、敬业、诚信、友善"，既反映了社会主义的核心利益，也是当代中国精神的集中体现，凝结着全体人民共同的价值追求。我们应当把社会主义核心价值观内化于心，外化于行。

人的价值

事物对人的需要的满足是"物的价值"，人对人的需要的满足是"人的价值"。就个人而言，人的价值可以分为个人的自我价值和社会价值。

个人的自我价值是指个人对自我需要的满足；个人的社会价值是指个人对社会需要的满足，也就是对社会的贡献。一个人越是通过自己的活动来满足自己的需要，他的自我价值就越大，反之，则越小；一个人通过自己的活动为社会作出的贡献越大，他的社会价值就越大，反之，则越小。对个人的价值的评价，主要是看个人对他人、社会的贡献。所谓"人生的价值在于贡献"，就是说，个人应该在对社会的贡献中实现自己的价值。

贡献既有物质方面的贡献，也有精神方面的贡献，崇高的理想境界和道德情操同样是对社会的贡献。毛泽东指出："一个人能力有大小，但只要有这点精神，就是一个高尚的人，一个纯粹的人，一个有道德的人，一个脱离了低级趣味的人，一个有益于人民的人。""有益于人民的人"，就是有价值的人。

各抒己见

2008 年 5 月 12 日，四川汶川发生大地震。在地震瞬间，德阳东汽中学的教学楼坍塌。当时，谭千秋老师正在教学楼里上课。危急时刻，他弓着身子，张开双臂紧紧地趴在课桌上，砖瓦纷纷坠落到他的头上、手上、背上，血流不止。然而，谭千秋老师咬着牙，拼命地撑住课桌，他的身下蜷伏着四个幸存的学生，而他张开双臂的身躯却被定格为永恒……5 月 13 日，当搜救人员从教学楼的废墟中搬走压在他身上的最后一块水泥板时，所有抢险人员都被眼前的场景震撼了。谭千秋老师用自己的宝贵生命诠释了爱与责任的师德灵魂，彰显出人生价值的光辉。

你认为怎样才能实现人生价值和社会价值的统一？从谭千秋老师的壮举中，你有什么感悟？

实现个人的自我价值与社会价值的统一

个人的自我价值与社会价值是人的价值不可分割的两个方面。一方面，个人的社会价值不是脱离个人的自我价值而预成的，社会能给予个人的东西是人们自己创造出来的，个人通过自身的活动满足社会的需要，从而创造个人的社会价值；另一方面，个人的自我价值也不可能脱离社会价值，个人的自我价值并不是社会价值之外的独立自存的另一种价值，个人只有在创造社会价值的过程中才能创造、实现自我价值。

个人的社会价值是个人对社会的贡献，而个人的自我价值还包括个人在社会中得到的尊重，从社会得到的奖励，包括精神奖励和物质奖励。可见，个人自我价值的高低取决于他的社会价值。我们之所以纪念为民族、国家做出贡献的人，就是因为他们个人贡献给民族、国家的东西已经转变成社会的一部分。所谓流芳百世、永垂不朽，讲的就是个人的自我价值因其社会意义而永存，就是社会对他们个人的自我价值的肯定。

在现实生活中，我们既要避免只讲个人的社会价值而不讲自我价值，更要反对只讲个人的自我价值而不讲社会价值。只讲对社会的贡献而不讲对个人需要的满足，就可能忽视个人的正当权益；只讲对个人需要的满足而不讲对社会的贡献，就可能导致个人主义。社会的发展有赖于人们的贡献，只有贡献大于索取，社会才能发展；同时，也只有在社会的不断发展中，我们每个人才能从社会得到越来越多的满足和享受。

✳ 劳动奉献与人生价值

孙奇，中共党员，呼和浩特铁路局呼和浩特站售票员。从事铁路工作 22 年，无论在哪个岗位，孙奇都兢兢业业，时刻将热情和严谨注入岗位，用真诚和微笑服务旅客，用平凡行动诠释敬业奉献的真谛。孙奇总想把每项工作做到最好。当线路工，她扒道砟、抢洋镐，与男工友一样脏活重活抢着干；当巡道工，她顶烈日、冒风雪，每天步行16千米精检细查，防止各类隐患；当客运员、班组长，她热情服务、精细管理，班组获评"全国青年文明号"；当售票员，她废寝忘食钻业务，总结出"七字售票作业法"和"十二句服务规范用语"，在全国铁路客运系统得到推广。孙奇最大的快乐是帮助别人。她无数次将旅客遗失物品及时归还，把患病旅客送到医院，帮助走失孩子找到家人。从事售票工作7年间，她收到表扬信233封、锦旗27面。2011年5月，孙奇在自己身患癌症、公公因肺癌去世的情况下，还资助了农村贫困小学生谭旭。孙奇在平凡的岗位上，在劳动奉献中实现着人生价值。

孙奇是如何实现自己的人生价值的？人生价值的源泉在哪里？

劳动是一切财富和价值的源泉

劳动是人与自然、人与社会之间矛盾产生的根源，也是解决人与自然、人与社会之间矛盾的唯一的现实途径。没有劳动，就没有人，没有人类社会。从根本上说，一部人类发展史就是一部劳动创造史，劳动是一切价值的源泉。

首先，劳动创造了人类社会。在动物的活动中，并不存在真正意义上的劳动，但劳动以萌芽的形式存在于高级动物即古猿的活动中。正是这种萌芽形式的劳动，促进了手和脚的专门化发展，促使古猿开始制造工具，而制造工具是劳动的根本标志，是"人猿相揖别"的根本标志。正是在这个意义上，我们说劳动创造了人和人类社会。

其次，劳动创造了社会财富。现实生活中的一切财富，无论是物质的，还是精神的，都是劳动创造的，归根结底，都是劳动的产物。劳动引发了发现、发明和创造，推动了社会生产力不断发展，不断创造着社会财富，不断提高着人类的物质生活水平和精神生活水平。正如《国际歌》歌词所写的那样："是谁创造了人类世界？是我们劳动群众。"

再次，劳动创造了人的价值。从根本上说，人的价值就在于，它是创造价值的价值。物的价值是在人的活动中形成的，人的价值是人通过自己的劳动创造的。正是在劳动的过程中，人们既改造了外部世界，也改造了自己；既形成了物对人的价值，也创造了人自身的价值，从而使自己的认识更深刻，品德更高尚，能力更强大，发展更全面。一言以蔽之，人在劳动中创造、实现了物的价值的同时，又创造、实现了自身的价值。

尊重劳动与热爱劳动

劳动创造了人类社会，创造了社会财富，创造了人本身的价值。我们不仅要有知识、有技术、有能力，而且要有良好的劳动态度，尊重劳动、热爱劳动、辛勤劳动。

人的能力有大有小，贡献也不相同，但只要我们各尽所能，努力工作，就是一个有价值的人，一个受社会尊重的人。在社会主义社会，无论是谁，辛勤劳动都是光荣的；无论是谁，蔑视劳动、不尊重他人的劳动都是可耻的。

没有劳动，就没有社会的进步，也不会有个人的发展。无论我们以后从事什么工作，都应该尊重劳动、热爱劳动、辛勤劳动，以劳动实现自己的人生价值。

各抒己见

青岛港桥吊队队长许振超是一名从事港口一线装卸作业 30 多年的"老码头"。原来只有初中文化水平的他，凭着几十年如一日求知若渴、刻苦钻研的韧劲，立足岗位，自学成才，熟练掌握了桥吊驾驶、维修技术和港口装卸管理知识，最终成为一名工程师和"有突出贡献的工人技师"。在许振超的带领下，青岛港桥吊队成为一支"技术精、作风硬、效率高"的优秀团队，创造出世界一流的工作效率。许振超在劳动奉献中创造、实现了自己的人生价值。

许振超的事例对中职生的人生发展有何启示？

在劳动奉献中实现人生价值

人的价值归根结底是在劳动中得以实现的，人们也是根据劳动贡献评价不同的人的价值的。个人对他人、集体、社会的贡献，说到底是劳动的贡献，个人只有在劳动中才能创造价值，才能表现和证明自己的价值。个人的劳动创造的价值不同，他的人生价值也就不同。

人生价值的实现是人们在劳动中施展自己智慧、能力的过程。要实现自己的人生价值，就要付出辛勤的劳动。任何贪图享受、不愿付出劳动的人，都不可能实现自己的人生价值。劳动及其奉献是实现自己人生价值的必由之路，也是拥有幸福人生的必由之路。

在现实生活中，或许我们只是平凡的人，但只要我们具有劳动奉献的精神，通过辛勤劳动来创造、实现自己的人生价值，那么，我们就会在平凡中创造不平凡，就会在自己的生命过程中谱写人生的华彩乐章。正如诗人汪国真在《走向远方》这首诗中所说："我们走向并珍爱每一处风光，我们不停地走着，不停地走着的我们也成了一处风光。"

人生感悟

袁隆平院士是享誉世界的"杂交水稻之父"，曾就读于湖南省安江农业学校。参加工作以来，袁隆平不畏艰辛、执着追求、勇于创新，在杂交水稻领域取得了领先世界的成果，成功破解了困扰中国几千年的粮食问题，也给全世界送去福音。袁隆平用自己的辛勤劳动做出了无愧于祖国和时代的贡献。为此，他获得全国劳动模范、国家级有突出贡献的中青年专家、全国先进科技工作者等称号；获得国家技术发明奖特等奖、国家科技进步奖特等奖等奖励。袁隆平在杂交水稻领域做出的卓越贡献，是与他几十年的辛勤劳动分不开的。袁隆平在劳动中实现了自己的人生价值。

这位做出杰出贡献的科学家在谈到人生观时诚恳地说："做事先做人，这是老生常谈，也是我这一辈子最深刻的感悟。我是搞育种的，我觉得，人就像一粒种子。要做一粒好的种子，身体、精神、情感都要健康。种子健康了，事业才能根深叶茂，枝粗果硕。"

你怎样理解袁隆平的这段话？

🎯 要点提示

人的价值

实现个人的自我价值与社会价值的统一

在劳动奉献中实现人生价值

💡 体验与探究

1. 有一种观点认为，现代社会，金钱决定人的价值，谁的钱多，谁就属于"上等人"，值得尊敬。谈谈你对此观点的看法。

2. 对照本单元中讲的"实现个人的自我价值与社会价值的统一"，结合自己的实际，思考如何在劳动中实现自己的自我价值与社会价值，并与同学交流。

3. 走访在平凡岗位上做出不平凡业绩的普通劳动者，谈谈从他们的身上学到了什么。

第 15 课

人的自由与全面发展

自古以来，人们一直不懈地追求着自由，并为之奋斗，为之牺牲。匈牙利诗人裴多菲甚至写出了这样的著名诗句："生命诚可贵，爱情价更高。若为自由故，两者皆可抛。"然而，自由不是为所欲为。从哲学的视角看，自由是对必然的认识。必然性既是对人的自由的约束，又是人实现自由的根据。我们只有在认识和把握必然性的基础上，才能实现人的自由与全面发展。

他山之石

还有一个浪子回头的故事。周处是中国历史上有名的浪子，小时候力气过人，性情暴烈，平时骑马射猎，并骚扰百姓，横行乡里。当时南山有猛虎，水下有蛟龙，也经常危害百姓，人称猛虎、蛟龙和周处是家乡"三害"。后来周处经当时著名学者陆云的教诲，痛改前非，上山杀死猛虎，下江斩了蛟龙，刻苦学习，终于成为一个知识渊博、很有修养的人，最后为国光荣战死。

周处是浪子的时候，乡亲惧怕他，他的发展是受限的；周处得到陆云教诲，为民除害，刻苦学习，获得了全面发展。周处的故事对你在理解人的自由与全面发展上有哪些启示？

✳ 人的自由

风筝只有在线上，才能在享受飞翔的乐趣后安全地返回地面；蝴蝶只有经历破茧的过程，将体液挤到翅膀，才能在脱茧之后展翅高飞；火车只有在轨道上根据调度员的指挥行进，才能安全地奔向目的地；人只有按照自身发展的规律和社会发展的要求，努力学习、老实做人、认真做事，才有可能实现自己的理想。

请结合这段话谈谈你对人的自由的理解。

⚛ 正确理解人的自由

自由不是"由自"，即不是任意地由自己说了算，而是表现为人的一种正确判断和行动的能力。正如人是在游泳中获得在水中的自由，而不是实现自己先天固有的游泳本能一样，自由不是人的先天固有的本能，人是在实践中不断获得自由的。人的认识活动和实践活动是通向自由的道路。

自由不等于必然，必然也不等于自由。从哲学的视角看，自由是对必然的认识，是以对客观规律的认识和把握为前提的。必然是自由的限度，也是自由的根据，人只有在必然性提供的可能性的范围内进行选择、展开活动，才有自由。毛泽东说得好："自由是对必然的认识和对客观世界的改造。只有在认识必然的基础上，人们才有自由的活动。这是自由和必然的辩证规律。"

自由是人们借助对必然性的认识、把握和利用而具有的正确判断和行动的能力。具有这种能力的人，不是凭本能盲目行动，而是依规律自觉行动，从而认识、控制外部条件，自主地选择和决定自己的生活，达到自由。《论语》中"随心所欲不逾矩"，讲的就是这个道理、这种境界。

名 人 名 言

自由就在于根据对自然界的必然性的认识来支配我们自己和外部自然。

——恩格斯

人的自由与社会约束

　　人的自由是具体的。人的自由，总是在一定基础上和一定条件下的自由，其发展的程度同社会发展的程度相一致。在现实社会，自由是一种由法律规定的权利，涉及的是个人在社会生活中的地位。正因为自由是一种由法律规定和保证的自由，所以，这种自由就包含着某种不自由。自由不是为所欲为、随心所欲，也不是完全摆脱社会约束。不受任何限制的自由是不存在的。人的自由是在遵守法律或道德的前提下的自由。

　　人的自由是受条件限制的。一个人无条件的自由，意味着其他人的不自由，意味着对他人自由的剥夺。依此类推，结果是每一个人都没有自由，自由由此转变为它的对立面，即不自由。个人需要自由，他人也需要自由。不顾他人，在社会中追求绝对自由，妨碍甚至剥夺他人的自由，就会受到法律制裁，最终使自己也失去自由。人是社会存在物，人的一切自由，都离不开社会，都是在社会约束下的自由。

点击链接

　　《西游记》中的孙悟空是一位叛逆者，从破石而出、龙宫探宝到大闹天宫、自称大圣，始终无拘无束、"无法无天"。但是，孙悟空依然受到种种约束、限制。《西游记》通过孙悟空这个虚构的形象，表达了向往个性自由的意识，并从一个新的视角对个性自由与社会约束的关系提出了独到的看法：观音菩萨对孙悟空使用紧箍咒，目的不是想将其置于死地，而是在对孙悟空加以限制的前提下，充分发挥他的一技之长。《西游记》既肯定了个性自由的价值，又指出了实现个性自由的途径；既指出了社会规范对限制个性自由的必要性，又指出了将道德自律上升为自觉行动的必然性。

在现实生活中，我们要处理好自由与必然、个性自由与社会约束的关系。认识、把握和利用必然性，是达到自由的认识前提；自觉遵守社会规范，是达到自由的社会前提。社会规范，包括法律约束，实际上是在促进人的社会化，从而更能彰显一个人的个性自由。

人的自由与界限

自由不是绝对的，而是相对的、有限制的、有界限的。鸟在天空中自由地飞翔，但这种自由只是相对于人而言的，因为人无法成为飞人。就鸟本身而言，这种自由飞翔的高度是由其生理结构决定的，是有限制的。猫头鹰的飞翔表面上看也是自由的，但这种自由同样是有限制的，即猫头鹰只能在夜间"自由飞翔"。之所以如此，是由猫头鹰的生理结构决定的。人的自由当然也有其界限，这就是人的内在特征和外在条件所许可的范围。

人的自由既受社会生产力发展水平的限制，也受社会关系状况的制约。没有社会的发展，就谈不上个人的发展；没有合理的社会制度，就没有真正的个人自由。人处在社会关系之中，个人的自由离不开集体的自由，离不开合理的社会制度的保障。从这个意义上说，个人只有在自由的集体、合理的社会制度中才能获得自己的个体自由。

马克思多次强调"个人的独创的和自由的发展"的问题。马克思主义所追求的自由，是消灭私有制、消灭阶级，每一个人都得到全面发展的自由。正如马克思、恩格斯在《共产党宣言》中所说的，"代替那存在着阶级和阶级对立的资产阶级旧社会的，将是这样一个联合体，在那里，每个人的自由发展是一切人的自由发展的条件。"

各抒己见

某中职学校经常通过集体活动来完善学生的个性，为学生搭建拓展个性的舞台。例如，学校通过演讲比赛，培养学生的胆量和口头表达能力；通过辩论，培养学生思考问题的深刻性、应变能力、团结协作精神；通过"寻求个性闪光点"活动，鼓励每个学生"与众不同"，以发挥每个学生的潜能。

你们学校举办过哪些活动来展示并发展每位学生的个性？通过参加这些活动，你有什么收获？

✳ 促进人的全面发展

全国中等职业学校"文明风采"竞赛活动，是由教育部、人力资源和社会保障部、中央文明办、共青团中央、全国妇联、中国关工委、中华职业教育社联合主办的一项全国性的赛事。自 2004 年举办以来，"文明风采"竞赛活动坚持"弘扬民族精神，树立职业理想"，贴近中职生的学习和生活，适应他们的年龄和兴趣，培养他们的个性和特长，展现他们的能力和风采。活动通过"人人参与，班班比赛，校校选拔，全国亮相"，给每位中职生充分展示自己风采的机会，为他们的全面发展搭建了一个平台。

你参加过"文明风采"竞赛活动吗？谈谈"文明风采"竞赛活动对你的全面发展有什么意义和作用。

❖ 人的全面发展

人们追求自由的过程，也就是人本身不断得到发展的过程。人的发展经历了一系列历史阶段，逐步趋向人的全面发展。

人的全面发展是相对于片面发展而言的。所谓片面发展，一是指一部分人的发展以另一部分人的不发展或畸形发展为代价，如阶级社会就是如此；二是指个人某一方面的能力得到发展，其他方面的能力则没有得到发展，或者一种能力的发展抑制了其他能力的发展。人的全面发展是指个人的素质和能力实现整体发展，即马克思所说的"一切天赋得到充分的发挥"，"全部才能的自由发展"，更重要的，是指"每个人的自由发展是一切人的自由发展的条件"。

人的全面发展并不排除个人在某个或某些方面特殊能力的发展，并不是把所有的人都塑造成一种模式的"万能"的人。事实上这也是不可能的。即使所有的人都得到全面发展，人与人之间仍然会存在着差别，每个人仍然会有自己的个性。全面发展与个性存在并不矛盾。

点击链接

美国管理学家彼得提出的"木桶理论"告诉我们：由多块儿木板构成的木桶，其价值在于其盛水量的多少，但决定木桶盛水量多少的关键因素不是其最长的木板，而是其最短的木板。要想使木桶装更多的水，就应设法增加最短的那块儿木板的长度，使它与其他木板平齐。"木桶理论"不仅在企业管理中适用，在个人能力方面同样有深刻的启示。一个人不仅要善于发现自己的优势，而且要注意自己的不足，要在"扬长"的同时，注意"避短"，并弥补自己的不足，努力使自己成为全面发展的人。

实现人的全面发展的条件

人的全面发展不仅是指个人修养、个人发展，更重要的，是指一种社会理想、社会状态，即与社会生产力的高度发展、社会关系的合理建构相联系的共产主义社会。

高度发展的社会生产力是人的全面发展的前提。人的全面发展是历史的产物，归根结底是社会生产力发展的产物。在人们的衣食住行等基本需要没有得到满足时，人不可能得到全面发展。在以血缘关系为纽带的自然经济形态中，个人没有独立性，不可能得到全面发展。但是，生产力的高度发展并不直接等于人的全面发展。人的全面发展还需要建构合理的社会关系。在以资本为纽带的社会关系中，个人成为资本的奴隶，成为"机器"，也不可能得到全面发展。

社会关系制约人、塑造人。促进人的全面发展，必须建构合理的社会关系。只有在丰富的、合理的社会关系中，个人才能获得多方面的规定性，成为越来越具有全面性的人。社会关系合理与否，直接决定人的需要的满足方式和满足程度，决定人的能力的发挥程度和发展程度。正因如此，马克思主义认为，要以社会生产力的巨大增长和高度发展为基础，消灭阶级，消除由阶级差别导致的社会差别，实现人的全面发展。

各抒己见

国家政策助中职生全面发展

为了加强职业教育基础建设，2005—2010 年，国家拿出 100 亿用于实施职业教育实训基地建设计划、县级职业教育中心建设计划、示范性职业院校建设计划和职业院校教师素质提高计划。同时，建立了中等职业学校家庭经济困难学生资助政策体系。从 2007 年的秋季开始，国家每年至少拿出 164 亿资助中等职业学校的学生，约有 90% 在中等职业学校学习的学生能够得到国家助学金。国家在政策上和经费上对职业教育的支持，有力推动了职业教育的发展，使成千上万的中职生凭借国家资助政策体系，获得了全面发展的机会。

从国家资助中职学生的政策中，你在国家帮助你实现全面发展方面感受到了什么？

促进人的全面发展是社会主义社会的本质要求

人的发展与社会发展互为前提、相互促进。人越是发展，社会财富就会创造得越多，社会发展就越快，社会进步就越大；反过来，社会发展得越快，社会进步越大，就越能促进人的发展。社会生产力和社会发展的水平是逐步提高、永无止境的过程，人的发展程度也是逐步提高、永无止境的过程。

正是在这个相互促进的发展过程中，人的全面发展将会逐步得到实现。我们要在推动物质文明、政治文明、精神文明、社会文明、生态文明协调发展，全面建成小康社会的基础上，促进人的全面发展。

我们正处在社会主义初级阶段，距离实现人的全面发展仍有漫长的历史过程，但是，实现这一社会理想并非渺茫，正在建设中的中国特色社会主义就处在实现这一社会理想的历史进程中。中国特色社会主义进入新时代，为实现人的全面发展这一社会理想开辟了广阔的道路，展示了美好的远景。

点击链接

当今世界正经历百年未有之大变局，我国正处于实现中华民族伟大复兴的关键时期。顺应时代潮流，适应我国社会主要矛盾的变化，统揽伟大斗争、伟大工程、伟大事业、伟大梦想，不断满足人民对美好生活的新期待，战胜前进道路上的各种风险挑战，必须在坚持和完善中国特色社会主义制度、推进国家治理体系和治理能力现代化上下更大功夫。

社会主义的本质就是解放生产力，发展生产力，消灭剥削，消除两极分化，最终达到共同富裕，从而促进人的全面发展。促进人的全面发展，是马克思主义关于建设社会主义社会的本质要求。习近平总书记指出："我们要在继续推动发展的基础上，着力解决好发展不平衡不充分问题，大力提升发展质量和效益，更好满足人民在经济、政治、文化、社会、生态等方面日益增长的需要，更好推动人的全面发展，社会全面进步。"

人的全面发展与自由时间

人的全面发展需要充分的自由时间，并且人们能够支配这种自由时间。自由时间的多少直接决定着人的发展空间的大小，而自由时间在量上又直接取决于剩余劳动时间。发展生产力，提高劳动生产率，实际上就是缩短必要劳动时间，增加自由时间，从而扩大人的发展空间。对个人来说，自由时间的增加实际上是提供了一个新的活动舞台，舞台越大，发展的空间也就越大；就人类而言，整个人类的发展无非是对自由时间的运用，有了更多的自由时间，才有更大的发展空间。

在阶级社会，自由时间的创造与占有并不是统一的，相反，二者却是背离的。生产资料私有制和旧式分工使劳动者被迫承担整个社会的劳动重负，他们创造了自由时间，却不能占有和支配自由时间，因而没有获得相应的发展空间；而不劳动的社会成员却凭借占有生产资料的地位，通过侵占剩余劳动而占有和支配着自由时间，由此获得了相应的发展空间。这就是说，在阶级社会，少数人的发展是以剥夺众多劳动者的剩余劳动时间、自由时间为基础的，换言之，少数人的发展是以多数人的不发展或片面发展为代价的。

在共产主义社会，所有社会成员可支配的时间都包括劳动时间和自由时间这两个部分，每个人既以这种或那种方式参加生产劳动，同时又享有自由时间，并能够运用自由时间全面发展自己的能力。无产阶级和人类解放的实质与目标，就是要使所有社会成员占有和支配自由时间，从而获得更大的发展空间，实现全面发展。正是在这个意义上，马克思指出："时间是人类发展的空间。"

人生感悟

由团中央学校部、全国学联秘书处、中国青年报社共同举办的2016年度全国"最美中学生""最美中职生"寻访活动结果正式揭晓，浙江省云和县的叶石云荣获"最美中职生标兵"称号。

2009年，叶石云的母亲和父亲在49天内先后因病去世，家中因为医病还欠下不少债务。在父亲去世第二天，一位老奶奶到叶石云家讨债，他答应老奶奶，一定还清爸爸欠下的钱。此后几

天，他去村里挨家挨户地问，统计父亲欠下的账款，共有 30 000 多元。从 2009 年起叶石云用了整整 7 年时间把父亲借的钱全部还清。经过推荐和竞选，叶石云还当上了校学生会主席。他认为学生会工作不仅能锻炼自己的管理能力，还能学到做人做事的道理。叶石云非常注重道德品质的养成。他在 2017 年 2 月 21 日举办的 2016 年"最美中学生""最美中职生"标兵先进事迹分享会上说："我觉得做人一定要秉持'先学做人，再学做事'的信念，始终做一个诚实守信人。"叶石云克服困难，自立自强，不断地促进自身的全面发展。

叶石云的事迹对你有哪些启示？

要点提示

人的自由与社会约束

人的全面发展及其条件

体验与探究

1. "海阔凭鱼跃，天高任鸟飞。"很多人羡慕鱼和鸟的自由。然而，鱼的自由离不开水，鸟的自由需要天空。以"自由与约束"为题，组织一场演讲或辩论。

2. 联系自身或身边实际，谈谈人的全面发展问题。

3. "木桶理论"对你的发展有什么启示，结合自身情况进行分析。

■ 后 记

　　《哲学与人生》是经全国中等职业教育教材审定委员会审定通过，作为中等职业学校德育必修课使用的教材。编写这本教材的目的是帮助中职学生学习、运用马克思主义哲学的基本观点，正确认识和处理人生发展中的基本问题，从而逐步形成正确的世界观、人生观和价值观。

　　本次修订以党的十九大精神和习近平新时代中国特色社会主义思想为指导，依据《中华人民共和国宪法》，以及教育部颁发的《关于全面深化课程改革落实立德树人根本任务的意见》《关于培育和践行社会主义核心价值观 进一步加强中小学德育工作的意见》《中等职业学校德育大纲（2014年修订）》《中等职业学校德育课贯彻党的十八大精神教学指导纲要》等进行。本次修订突出三个特点：一是进一步突出导向性和时代性，把党的十八大以来的新精神、新思路、新成果和新方法以中职学生喜闻乐见的形式融入教材；二是进一步突出"贴近实际、贴近生活、贴近学生"的原则，对教材的内容进行了更新，对教材中的案例、故事等进行了重新选择，对教材的栏目、版式等进行了重新设计；三是进一步强化中职学生德育行为的养成，注重引导学生养成运用哲学思维方法来认识和处理人生问题的习惯，以促进中职学生的全面发展。

　　《哲学与人生》（2009年版）的初稿由杨耕、吴向东、杨桂华、晏辉、庄永敏、罗松涛、李晓东、程光泉、李朝霞、董静、王樟执笔。杨耕对全书进行了修改、统改、定稿，并对第一、第二、第五单元进行了较大的改写或重写。本次修订由杨耕完成。在编写、修订过程中，得到了教育部职业教育与成人教育司的关心与指导，责任编辑王强、王宁、李春生为本教材的修订付出了艰辛的劳动。在此，我深表谢意。

由于编著者水平有限，本次修订后，这本《哲学与人生》仍然存在着这样或那样的缺陷。我衷心欢迎来自各方面的批评指正，以期在今后的修订中使这本教材不断完善。

杨耕